人工智能前沿理论与技术应用丛书

机器学习中的概率思维

翟中华　朱雅哲　编著

电子工业出版社
Publishing House of Electronics Industry
北京·BEIJING

内 容 简 介

本书深入剖析机器学习中的概率思维，从基础理论出发，结合经典案例，阐述如何将概率思维巧妙地应用于机器学习算法，帮助读者理解数据背后的规律与不确定性。除引言外，全书内容分为 5 章，包括贝叶斯定理中的概率思维、朴素贝叶斯算法中的概率思维、极大似然估计和最大后验估计、贝叶斯网络、马尔可夫链和隐马尔可夫模型。

本书适合机器学习领域的工程师、研究员阅读，也可作为计算机科学、统计学、电子工程、计量经济学等领域的技术人员的参考用书。

未经许可，不得以任何方式复制或抄袭本书之部分或全部内容。
版权所有，侵权必究。

图书在版编目（CIP）数据

机器学习中的概率思维 / 翟中华，朱雅哲编著．
北京：电子工业出版社，2025.5．--（人工智能前沿理论与技术应用丛书）．-- ISBN 978-7-121-49502-1
Ⅰ．TP181
中国国家版本馆 CIP 数据核字第 2025NT6189 号

责任编辑：王　群
印　　刷：北京盛通印刷股份有限公司
装　　订：北京盛通印刷股份有限公司
出版发行：电子工业出版社
　　　　　北京市海淀区万寿路 173 信箱　邮编：100036
开　　本：880×1230　1/32　印张：3.5　字数：78.63 千字　彩插：4
版　　次：2025 年 5 月第 1 版
印　　次：2025 年 5 月第 1 次印刷
定　　价：38.00 元

凡所购买电子工业出版社图书有缺损问题，请向购书店调换。若书店售缺，请与本社发行部联系，联系及邮购电话：（010）88254888，88258888。

质量投诉请发邮件至 zlts@phei.com.cn，盗版侵权举报请发邮件至 dbqq@phei.com.cn。

本书咨询联系方式：wangq@phei.com.cn，910797032（QQ）。

目录

引言　概率对于机器学习的重要性　　001

第1章　贝叶斯定理中的概率思维　　008

1.1　概率基础知识　　008

1.2　条件独立　　011

1.3　贝叶斯定理的证据思想　　014

  1.3.1　贝叶斯定理实际应用　　014

  1.3.2　阐述公式背后的意义　　017

1.4　贝叶斯哲学本质　　023

  1.4.1　趋于真理的过程　　023

  1.4.2　贝叶斯哲学精神　　024

1.5　贝叶斯数学思想　　024

第2章　朴素贝叶斯算法中的概率思维　　033

2.1　应用贝叶斯定理构建朴素贝叶斯分类器　　033

2.2　比较条件概率　　036

2.3　朴素贝叶斯的类型　　040

第3章　极大似然估计和最大后验估计　　041

3.1　极大似然估计　　041

3.2　最大后验估计　　045

3.3　MLE 与 MAP 估计的区别与联系　　047

3.4　使用 MAP 估计求解硬币翻转问题　　048

3.5　贝叶斯推理　　051

  3.5.1　贝叶斯推理举例　　051

  3.5.2　贝叶斯推理详细推导　　053

  3.5.3　期望后验　　056

3.6　逻辑回归中的极大似然和最大后验　　057

3.7　高斯判别分析　　058

第4章　贝叶斯网络　　063

4.1　从条件概率到贝叶斯网络定义　　064

4.2　贝叶斯网络结构　　069

4.3　条件概率表　　071

4.4　贝叶斯网络解释　　073

第5章　马尔可夫链和隐马尔可夫模型　　077

5.1　马尔可夫链：概率序列　　078

5.2	马尔可夫假设	081
5.3	求马尔可夫链某个状态的概率	083
5.4	隐马尔可夫模型	086
5.5	隐马尔可夫前向算法和后向算法	093

引 言
概率对于机器学习的重要性

1. 生活是由概率"锚定"的

如果天气预报提示今天降水的概率为 80%，那么我们今天外出带上雨伞比较保险。事实上，我们在日常生活中经常非正式地、非自觉地根据概率来制订计划或做出决定。在降水概率为 80% 的这一天，即使有 20% 的概率不会下雨，我们还是会做出带伞的决定。

概率的重要性使概率研究逐渐成为一门重要的学科。在学术上，概率论是研究人员、股票经纪人等在有不确定因素的情况下做出决策的基本依据。

概率提供关于某个事件发生的可能性的信息。例如,气象学家使用天气模型来预测下雨的可能性;在流行病学中,概率论被用于阐释环境暴露与健康影响风险之间的关系。

让我们用一个简单的经典例子——抛硬币来说明概率是怎么产生的。我们知道有 50%的机会得到正面,50%的机会得到反面。这个概率是怎么来的呢?

抛一枚硬币,如果有 1 次得到正面,那么用次数 1 除以可能结果的总数就得到"得到正面的概率"。抛一枚硬币,只有 2 种结果,要么是正面,要么是反面,因此得到正面的概率是 50%。

抛一枚硬币 10 次,结果可能是 7 次正面和 3 次反面,即 70%正面和 30%反面。由于重复次数很少,我们无法准确确定其概率。但是,如果将一枚硬币抛掷 1000 次甚至更多次,则最终正面和反面的次数接近 1∶1 分布。

这说明了关于概率的另一个重要定律——大数定律。在试验环境不变的条件下,随机重复试验多次,则随机事件的发生频率将逐渐趋于某个常数。

概率和统计中的大数定律表明,随着样本量的增加,其均值会越来越接近总体的均值。16 世纪,意大利数学家 Girolamo Cardano 提出了大数定律;1713 年,瑞士数学家 Jakob Bernoulli 在他的著作《猜度术》中证明了这个定律;后来其他著名的数学家(如彼得堡数学学派的创始人 Pafnuty Lvovich Chebyshev)对这个定律进行了改进。

根据大数定律,给定的样本,尤其是小样本,并不一定能够反映真实的总体特征;不能反映真实总体特征的样本会被后续样本平衡。

2. 概率在社会中的重要性

有很多关于概率在社会中应用的例子,如衡量患癌症的可能性。根据加拿大癌症协会的数据,40%的加拿大女性和 45%的加拿大男性在其一生中会被诊断出患癌症。这些概率是基于 2009 年加拿大全国癌症统计数据计算得出的。

这种广泛的信息对于那些计划、提供或研究医疗保健服务的人很有帮助,而且越详细越好。相关人员可以依据这些信息确定在特定年龄患上特定类型癌症的概率。他们还可以考虑个人因素对患癌症概率的影响,这些个人因素也很重要。如果家庭成员中有人患有乳腺癌,那么其他家人患乳腺癌的风险就会增加;如果有人吸烟,那么这个人患肺癌的可能性就会增加(据估计,吸烟者占肺癌病例的 88%~90%,而从不吸烟者患肺癌的风险要低得多——约为 1%)。这类风险因素也可以纳入概率计算。

概率的另一个应用是汽车保险。保险公司根据车主发生车祸的可能性来确定保险费用，为此，他们使用按性别、年龄、汽车类型和每年行驶公里数划分的车祸频率信息来估计个人发生机动车事故的概率。

3. 概率是量化不确定性的数学

概率模型的主要优点之一是它们提供了与预测相关的不确定性的概念。大家可能会了解机器学习模型对其预测的可信程度。例如，如果概率分类器为"狗"类分配90%的概率，用来代替原来的60%，则意味着分类器更加确信图像中的动物是狗。当这些概率与不确定性被应用到机器学习中时，如疾病诊断和自动驾驶，它们会非常有价值。此外，对于与机器学习相关的许多方法，如主动学习，概率结果是可信的。

不可否认，概率模型是机器学习领域的"支柱"，许多人将其作为入门之前学习的先决条件。

众所周知，目前人们使用概率工具和技术设计了许多算法，如朴素贝叶斯和概率图模型。在机器学习的众多应用中，朴素贝叶斯、最大似然估计（也称"极大似然估计"）、最大似然分布、交叉熵、贝叶斯优化等，都是非常重要的概念或方法。

1）使用概率设计模型

在进行概率计算时,有一些专门的算法,如朴素贝叶斯算法,该算法是使用贝叶斯定理构造的,并带有一些简化的假设。

线性回归算法可以看作使预测均方误差最小化的概率模型,而逻辑回归算法可以看作将预测正分类标签的负对数可能性最小化的概率模型。

概率图模型(Probabilistic Graphical Model,PGM)围绕贝叶斯定理进行设计。一个著名的概率图形模型是贝叶斯网络/信念网络,它能够捕获变量之间的条件依存关系。

2）使用概率框架训练模型

可以使用在概率框架下设计的迭代算法来训练许多机器学习模型。

概率建模框架的例子有最大似然估计、最大后验估计。

最常见的是最大似然估计(Maximum Likelihood Estimate,MLE),它是在给定观测数据的情况下估算模型参数(如权重)的框架。

线性回归模型的普通最小二乘法估计和逻辑回归的对数损失估计，使用的就是最大似然估计。

期望最大化算法（简称 EM 算法）是一种用于最大似然估计的算法，通常用于无监督数据聚类，如估计 k 个聚类的 k 均值，也称"k 均值聚类算法"。

对于预测类别的模型，最大似然估计提供了最小化观测概率分布和预测概率分布之间的差异的框架，通常用于分类算法，如逻辑回归及深度学习神经网络。

在训练期间，通常使用交叉熵测量概率分布的各种差异。熵、交叉熵及通过 KL 散度（也称相对熵）测量的分布之间的差异，都来自建立在概率论基础上的信息论领域。

最小化交叉熵损失等来自信息论的"工具"，可以被视为模型估计的另一个概率框架。

3）使用概率框架调整模型

通常使用概率框架调整机器学习模型的超参数，如 k-NN 中的 k 或神经网络中的学习率。典型的方法包括使用超参数的网格搜索范围或者随机采样的超参数组合。贝叶斯优化比超参数优化更为有效，它基于最有可能实现更好性能的配置对可能配置的空间进行定向搜索。

4）使用概率测度评估模型

对于那些预测概率的算法，需要一些方法来评估模型的性能。

基于预测概率，有许多度量可以用于评估模型的性能。常见的例子有对数损失（也称"交叉熵"）等。

对于二元分类任务，可以构建受试者操作特征曲线（Receiver Operating Characteristic Curve，ROC 曲线），从而探索在解释预测时可使用的不同截止值，进而有不同的权衡。另外，ROC 曲线下的面积（AUC）也可以作为聚合度量进行计算。

第1章
贝叶斯定理中的概率思维

1.1 概率基础知识

我们在大学的《概率论》中学过与概率相关的知识，但理解得可能比较局限，如没有从生活、经济学角度等方面来理解。因此，有必要再回顾一下概率知识。概率主要涉及联合概率、边缘概率、条件概率，以及它们之间的关系。概率思维中非常关键的贝叶斯定理就是利用它们之间的关系导出的。

概率量化了随机变量结果的不确定性。理解和计算单个变量的概率相对容易。尽管如此，在机器学习中，经常会存在许多随机变量，它们以复杂而未知的方式相互作用。

联合概率、边缘概率和条件概率可以量化多个随机变量的概率。这些概率类型构成了许多涉及分类和回归等问题的预测模型的基础。例如：

- 一个有多个变量的样本数据的概率是各输入变量之间的联合概率。
- 一个输入变量的特定值的概率是其他输入变量的值的边缘概率。
- 预测模型是给定输入样本的输出的条件概率估计。

联合概率、边缘概率和条件概率是机器学习的基础。

1. 联合概率

先看事件 A 和事件 B 同时发生的情况，这可以扩展到多个事件同时发生的情况。事件 A 和事件 B 的联合概率表示为 $P(A \cap B)$，或 $P(AB)$、$P(A, B)$。

2. 边缘概率

一个事件在另一个随机事件的所有结果存在下的概率称为"边缘概率"。之所以称其为边缘概率，是因为如果将 X 和 Y 的所有结果和概率一起放在一张表中，其中 X 为列、Y 为行，则 X

的边缘概率是表格边缘所有 Y 的概率之和。

边缘概率没有特殊的记号。对于第一个变量的给定固定事件，边缘概率是第二个变量的所有事件的概率总和，即联合概率之和：

$$P(X=a) = \sum_i P(X=a, Y=y_i) \tag{1-1}$$

这是概率中一个重要的基础规则，称为"求和规则"。

3. 条件概率

一个事件在另一个给定事件发生的前提下的概率称为"条件概率"，"给定"使用"|"表示，例如，在给定事件 B 发生的前提下事件 A 的条件概率记为 $P(A|B)$，当然，这里假设事件 B 发生的概率不为零。

这三个概率之间的关系可以表述为

$$P(A \cap B) = P(A|B)P(B) \tag{1-2}$$

联合概率的计算有时也称为概率的基本规则或者概率的链式规则。联合概率是对称的，这意味着 $P(A \cap B)$ 与 $P(B \cap A)$ 相同。使用条件概率的计算也是对称的。

$$P(A \cap B) = P(A|B)P(B) = P(B|A)P(A) \tag{1-3}$$

下面看一下链式规则推广到三个变量的情况：

$$P(A,B,C) = P(A|B,C)P(B,C) = P(A|B,C)P(B|C)P(C) \quad (1\text{-}4)$$

1.2 条件独立

如果事件 A（或事件 B）是否发生对事件 B（或事件 A）发生的概率没有影响，就说明事件 A、事件 B 相互独立。换个表达方式，如果满足等式 $P(AB)=P(A)P(B)$，则可称事件 A、事件 B 相互独立。

从条件概率角度来解释，就是如果一个事件依赖另一个事件的条件概率等于该事件本身的概率，那么说明这两个事件相互独立。用数学的严格定义来描述，就是：若 $P(B)>0$，则事件 A 与事件 B 相互独立的充分必要条件是

$$P(A|B) = P(A) \quad (1\text{-}5)$$

或者，若 $P(A)>0$，则事件 A 与事件 B 相互独立的充分必要条件是

$$P(B|A) = P(B) \quad (1\text{-}6)$$

现在，我们来看条件独立的定义。

在给定 C 的前提下，如果满足式（1-7），那么，事件 A、事件 B 条件独立：

$$P(A, B|C) = P(A|C)P(B|C) \qquad (1\text{-}7)$$

等价于

$$P(A|B, C) = P(A|C) \qquad (1\text{-}8)$$

条件独立的确定需要结合额外的领域知识，从而也可以理解其中的因果关系。

为了形象地说明问题，我们通过实际事例来解释条件独立的概念。

我们用下雨天的三个天气现象来说明条件独立，假设我们有用于描述天气的三个布尔型随机变量：打雷（thunder）、下雨（rain）和闪电（lightning），并假设有

$$P(\text{thunder} | \text{rain, lightning}) = P(\text{thunder} | \text{lightning}) \qquad (1\text{-}9)$$

在给定闪电（条件）的前提下，打雷独立于下雨。闪电必然会导致打雷，一旦我们知道是否存在闪电，打雷就跟下雨没有条件依赖关系了。

这并不意味着打雷独立于下雨，而是在明确闪电是否存在

的条件下,打雷独立于下雨。

也就是说,虽然打雷会伴随下雨,但是一旦我们知道闪电的情况,就没必要依赖下雨这个条件了:

$$(\forall x,y,z): P(X=x|Y=y,Z=z) = P(X=x|Z=z) \quad (1\text{-}10)$$

通常写成:

$$P(X|Y,Z) = P(X|Z) \quad (1\text{-}11)$$

更进一步地,由联合概率公式可以得出

$$P(X,Y|Z)P(Z) = P(X,Y,Z) = P(X|Y,Z)P(Y,Z)$$
$$= P(X|Y,Z)P(Y|Z)P(Z)$$

消去 $P(Z)$,得

$$P(X,Y|Z) = P(X|Y,Z)P(Y|Z)$$

再根据式(1-11),化简得

$$P(X,Y|Z) = P(X|Z)P(Y|Z)$$

如果 $X_1, X_2, \cdots, X_n$ 相对于 Y 条件独立,那么有

$$P(X_1, X_2, \cdots, X_n|Y) = \prod_i P(X_i|Y) \quad (1\text{-}12)$$

1.3 贝叶斯定理的证据思想

1.3.1 贝叶斯定理实际应用

数理统计中有频率学派和贝叶斯学派之分。关于两者的差异,众说纷纭,网上的讨论也很多。

然而,如果我们从哲学角度来看待这个问题,就会发现,贝叶斯学派和频率学派的真正区别在于人们如何解释概率。本书不再推导贝叶斯定理的公式,而是深挖贝叶斯定理背后的数学思维,让大家从一个更高的视角来把握贝叶斯定理蕴含的深刻思维。

我们重写贝叶斯定理(见图 1-1)的公式,如式(1-13)所示:

$$P(A|B) = P(A) \times \frac{P(B|A)}{P(B)} = \frac{P(B|A)P(A)}{P(B)} \qquad (1\text{-}13)$$

式中,$P(A|B)$是在 B 已经发生的情况下 A 的概率;$P(B|A)$是在 A 已经发生的情况下 B 的概率,它是 $P(A|B)$的逆概率,也是这个公式的关键;$P(A)$是 A 发生的无条件概率,$P(B)$是 B 发生的无条件概率。

第 1 章 贝叶斯定理中的概率思维

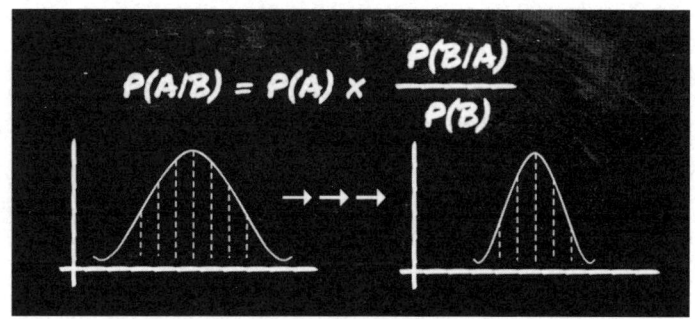

图 1-1 贝叶斯定理示意

P(A|B)是条件概率的一个例子,它仅表示在世界上发生的某些状态,即在 B 已经发生的情况下 A 的概率。P(A)是无条件概率,也就是前文中的边缘概率。

让我们通过一个例子来看看贝叶斯定理的实际应用。假设小李是一名正在找工作的大学毕业生,3 天过去了,他还没有收到面试过的公司的回电,因此感到很紧张。小李决定进行概率计算。

让我们根据例子重写贝叶斯定理公式。在这里,结果 A 是"获得 Offer"(Offer),结果 B 是"3 天没有回电"(NoCall)。因此,可以把公式写成:

$$P(\text{Offer} \mid \text{NoCall}) = \frac{P(\text{NoCall} \mid \text{Offer})P(\text{Offer})}{P(\text{NoCall})}$$

但是,P(Offer|NoCall)的值,即在 3 天没有回电的情况下获

得 Offer 的概率，是很难估计的。但反过来说，$P(\text{NoCall}|\text{Offer})$ 的值，即在获得 Offer 的情况下 3 天没有回电的概率，是可以通过经验简单推理并确定的。通过与朋友、招聘人员和工作顾问的交谈，小李了解到，如果一家公司计划向小李提供工作机会，他们长达 3 天不电话联系的情况不太可能，概率并不高，因此可估计：

$$P(\text{NoCall}|\text{Offer}) = 0.4$$

0.4 还不错，看来还有希望！但我们的计算还没有完成。现在我们需要估计 $P(\text{Offer})$，即获得 Offer 的概率。找工作是一个漫长而艰巨的过程，在获得 Offer 之前，小李可能至少需要面试几次，因此估计：

$$P(\text{Offer}) = 0.2$$

现在我们只需要估计 $P(\text{NoCall})$，即 3 天没有回电的概率。一家公司 3 天没有电话联系的原因有很多——可能决定放弃你，或者仍在面试其他候选人，或者招聘经理生病了。因此，估计最后一个概率：

$$P(\text{NoCall}) = 0.9$$

现在，我们可以计算 $P(\text{Offer}|\text{NoCall})$：

$$P(\text{Offer}|\text{NoCall}) = \frac{0.4 \times 0.2}{0.9} \approx 0.089$$

这个概率是相当低的。因此，遗憾的是，小李不应该抱有太大的希望。你可能会觉得这一切看起来有点随意，那现在让我们解释一下如何以及为什么会得到 0.089 这个概率。

1.3.2 阐述公式背后的意义

贝叶斯定理是更新我们"信念"的框架，那么我们的信念从何而来？它们通过先验 $P(A)$ 而来，在上面的例子中是 $P(\text{Offer})$。其中，可以将先验视为我们的信念，即小李在离开面试室的那一刻获得 Offer 的可能性。

现在，最新的信息是：3 天过去了，公司还没有给小李打电话。因此，我们使用等式的其他部分来针对已经发生的新事件调整先验。

$P(B|A)$ 在例子中是 $P(\text{NoCall}|\text{Offer})$。刚开始接触贝叶斯定理的学习者往往对 $P(B|A)$ 的意义很困惑。在我们不知道 $P(A|B)$ 的前提下，我们怎么理解 $P(B|A)$ 是什么呢？这里可以参考 Charles Munger 曾经说过的一句话，即 "Invert, always invert."

他的意思是，当试图解决一个具有挑战性的问题时，可以试着把问题反过来看。"反过来看"正是贝叶斯定理所做的事情。

现在将贝叶斯定理重新构建（定义）为统计术语（见图 1-2），使其更具可解释性。

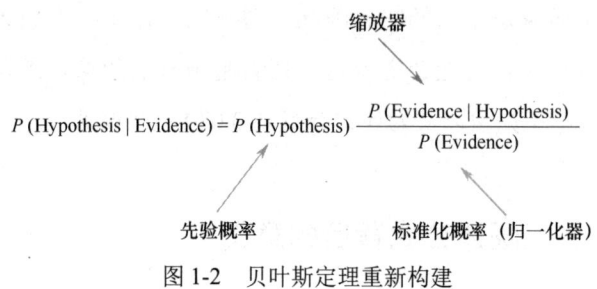

图 1-2　贝叶斯定理重新构建

这是一种更直观的公式思考方式。P(Hypothesis|Evidence)比P(Evidence|Hypothesis)更难以估计。为什么更难以估计？以火灾和烟雾为例，其中火灾（Fire）是我们的假设，观察烟雾（Smoke）是证据。P(Fire|Smoke)更难以估计，因为很多因素都会导致烟雾的产生——汽车尾气、工厂，以及有人在木炭上烤汉堡等。P(Smoke|Fire)更容易估计——在一个有火的世界里，肯定会有烟雾。

再看我们的例子，假设小李得到了这份工作，这是一个先验，并观察到了一些证据：3 天没有收到公司回电。现在我们想知道在给定证据的情况下我们的假设成立的概率。正如上面讨论的，我们已经有了先验概率 P(Offer)的值：0.2。

我们使用 P(Evidence|Hypothesis)，通过问"在假设真实的世界中观察到这个证据的概率是多少？"来翻转问题。因

此，在例子中，想知道的是在公司已明确决定向小李提供Offer的情况下，3天没有回电的可能性有多大。在图1-2中，将 P(Evidence|Hypothesis)称为"缩放器"，这正是它的作用：在将其与先验概率相乘时，缩放器会根据证据是否有助于增强或减弱我们的假设，来增大或减小先验概率。在我们的例子中，缩放器减小了先验概率，因为没有收到回电的天数越多，说明情况越糟糕。3天没有回电已经使先验概率减小了0.6，那么20天不回电可能会彻底摧毁小李获得这份工作的希望。没有回电的天数与获得Offer的概率之间的关系如图1-3所示。

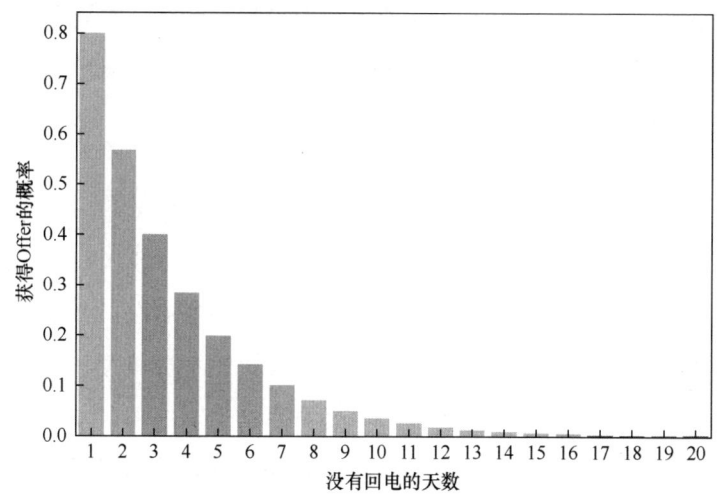

图1-3 没有回电的天数与获得Offer的概率之间的关系

缩放器是贝叶斯定理用来调整先验概率的机制。缩放器的值随着没有回电的天数的增加而减小：缩放器越小，它减小的先验值越多。

公式的最后一部分 $P(B)$，即 $P(Evidence)$，是归一化器。顾名思义，它的目的是对先验概率和缩放器的乘积进行归一化。如果不除以归一化器，那么我们将得到如图 1-4 所示的等式。

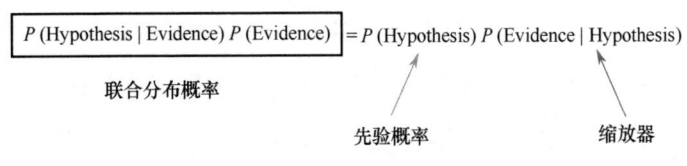

图 1-4　无归一化器情况下的等式

请注意，先验概率和缩放器的乘积等于联合分布概率。并且因为其中一个术语是 $P(Evidence)$，所以联合分布概率会受到证据丰富性或稀有性的影响。

不进行归一化是有问题的，因为联合分布概率是一个考虑了所有状态的值。但我们并不关心所有的状态，我们只关心那些发生了"证据"的状态。换句话说，我们生活在一个证据已经发生的世界中，与证据的丰富性或稀缺性不再相关，因此我们不希望它影响我们的计算。怎么消除这个影响呢？方法就是将先验概率和缩放器的乘积除以 $P(Evidence)$，从而将其从联合概率变为条件概率。因为条件概率是只考虑证据发生情况下的概率，这正是我们想要的。

再举一个例子。假设我们试图根据单个特征（敏捷性）

来确定观察到的动物是否是猫,即求 $P(猫|敏捷)$ 的大小。我们知道的是,所讨论的动物是敏捷的,即 $P(敏捷|猫)$ 这个值比较大。

(1)$P(敏捷|猫)$ 大,表明敏捷的猫的比例比较高,如 0.9。

(2)$P(敏捷)$ 代表敏捷的动物的比例,这应该是中等的,如 0.5。

(3)比例 $\frac{0.9}{0.5}=1.8$ 表示要增大先验概率,换句话说,不管你以前相信什么,是时候修改它了,因为看起来你可能正在和一只猫打交道。之所以这么说,是因为我们观察到的证据表明猫这种动物是敏捷的。然后我们发现敏捷的猫的比例大于敏捷的动物的比例。考虑到我们目前只知道这一个证据,而没有其他证据,那么合理的做法是修正信念,即我们正在与一只猫打交道。

我们已经知道公式每个部分的含义,现在重新审视上述例子:

- 小李刚结束面试,根据一般经验(先验),有 0.2 的概率获得 Offer。
- 随着时间的推移,我们使用缩放器来缩小先验概率。例如,在 3 天之后,我们估计在小李获得 Offer 的情况下，公司这么长时间还不给小李打电话的可能性只有 0.4。缩放器和先验概率相乘，得到 0.2×0.4= 0.08。

- 最后，我们认识到 0.08 是针对公司是否回电的所有状态计算的。但我们只关心小李在面试后 3 天没有接到公司电话的情况。为了仅捕获这个状态，我们估计 3 天未接到电话的边缘概率为 0.9，这是归一化器。我们将之前计算的 0.08 除以归一化器，即 0.08/0.9 ≈ 0.089，得到最终答案。因此，在小李 3 天没有收到公司回电的情况下，约有 0.089 的机会获得 Offer。

综上，我们的初始信念由先验概率 $P(Offer)$ 表示，缩放器 $P(NoCall|Offer)$ 对先验概率进行修正，其结果是联合分布概率，联合分布概率的大小取决于证据量的多少，然后除以归一化器，确定"证据总量是多少"，进一步修正先验概率。获得 Offer 的概率只有 0.089，说明小李得到这份工作的可能性很小。

这种思维方式可以帮助我们改变"世界非黑即白"的看法，而且其是通过概率"镜头"来观察和解释事物的。

> 从一个基于证据的世界观开始，如果引入新的证据，那么你的初始世界观的概率会发生改变。

1.4 贝叶斯哲学本质

1.4.1 趋于真理的过程

贝叶斯定理是一种基于最佳可用证据（观察、数据、信息）计算信念（假设、主张、命题）的有效性的方法。最本真的描述是：最初的信念加上新的证据等于改进的信念。

辩证法强调不要静止地看问题，要动态地看问题。因此，为突出动态看问题的哲学思想，进一步的描述为：我们用客观信息修改自身的观点，初始信念+最新的客观信息=改进的信念。在每次重新计算时，后验都成为新迭代的先验。这是一个不断发展的系统，任何新信息都能使改进的信念越来越接近确定性。这种思维方式可以帮助我们减小确认偏差的影响，从而启发对新可能性的思考。

贝叶斯推理过程是一个不断修正、逐步趋近真理的过程。

贝叶斯定理还可以用来判断一个假设发生在另一个假设上的可能性。这个世界上大多数事物都是不确定的，很多时候我们没有完整信息，需要一定的先验和新信息，用新信息不断修正先验。这就是贝叶斯定理，在充满不确定性的世界中，为决策提供信息。随着新信息的出现，需要反思这些新信息如何改变我们对事物的看法，然后据此对决策进行修正。

1.4.2 贝叶斯哲学精神

随着人们逐渐认识到人类思考和决策方式的不完善性，贝叶斯思维的应用不断深入。

在很长一段时间里，经典的经济学模型将人视为理性行为者，认为人在开明的自我利益的基础上做出的决策是完美的。现在我们意识到这种观点是有缺陷的，人类行为经济学成为认知偏见的"牺牲品"的观点正变得越来越普遍。

Nate Silver 在《信号与噪声》中说："相反，它（贝叶斯定理）是一种在数学和哲学上表达我们如何了解宇宙的声明——我们通过近似来了解它，在我们收集到更多证据时越来越接近真相。"

1.5 贝叶斯数学思想

贝叶斯数学思想：用数据调整先验。

贝叶斯定理是非常强大的工具，可用于对任何随机变量进行建模，如回归参数的值、人口统计数据、业务 KPI 或单词词性。在机器学习建模过程中，在数据有限、出现过拟合问题的情况下，贝叶斯定理非常有用。

接下来通过一个具体的例子来讲解贝叶斯定理应用于参数估计的数学思想与方法。

有一只可爱的泰迪犬，如图 1-5 所示。每次去兽医诊所，它都会在秤上晃动，因此很难得到准确的体重数据。得到一个准确的体重数据很重要，倘若它的体重有所上升，那么就得减少其食物的摄入量。

图 1-5　泰迪犬

最近一次，在它丧失耐心前，我们测了三次体重：13.9 磅、17.5 磅及 14.1 磅（1 磅=0.4536 千克）。计算这组数字的均值、标准偏差、标准差,便可得到小狗的体重分布,如图 1-6 所示,这里假设小狗体重分布为正态分布。

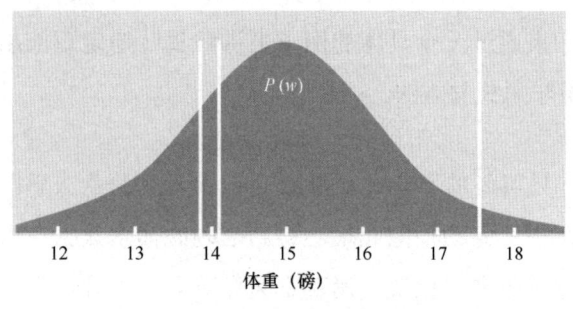

图 1-6 小狗的体重分布

体重分布展示了我们所认为的小狗体重,这是一个均值为 15.2、标准差为 1.2 的正态分布。真实的测量值如图 1-6 中的白线所示。遗憾的是,这个曲线并不具有理想的宽度,即正态分布曲线幅度太大、太宽,以致我们无法做出确切的决策。面对如此情形,通常的解决办法是收集更多的数据,但在一些案例中此方法操作性不强,或者成本高昂。本例中,小狗耐心已经耗尽,因此不再有新的测量数据。

此时,我们需要使用贝叶斯定理(见图 1-7)来帮助我们处理小规模数据集。

$$P(A|B) = \frac{P(B|A)P(A)}{P(B)}$$

图 1-7 贝叶斯定理公式

我们用"*w*"(体重)和"*m*"(测量)替换公式中的"*A*"和"*B*":

$$P(w|m) = \frac{P(m|w)P(w)}{P(m)}$$

式中,四个变量分别代表此过程的不同部分。

*P(w)*在此处称为先验概率,表示已有的事物认知,在本例中,表示在未称量时,我们认为小狗的体重为*w*。

*P(m|w)*在此处称为条件概率,表示针对小狗体重 *w* 所测的值 *m*,又称"似然值"或"似然数据"。

*P(w|m)*在此处称为后验概率,表示称量后小狗的体重为 *w* 的概率,当然这是我们最感兴趣的。在通常情况下,这是我们对世界的内在认知。

*P(m)*在此处称为概率数据,表示某个数据点被测到的概率。在本例中,我们假定它为一个常量,即测量本身没有什么偏向。先假定一个均一的先验概率,即对所有值而言,概率分布就是一个常量值。这样,贝叶斯定理便可简化为

$$P(w|m) = P(m|w) \quad (1\text{-}14)$$

$$P(w=17|m=[13.9,14.1,17.5])=P(m=[13.9,14.1,17.5]|w=17)$$
$$= P(m = 13.9|w = 17)P(m = 14.1|w=17)P(m=17.5|w=17)$$

此时，根据小狗体重是 17 磅时的体重分布，可以算出三个测量的条件概率，如图 1-8 所示。体重不可能为 1000 磅，这样极端的测量值是不太可能的。然而，倘若小狗的体重为 14 磅、15 磅或 16 磅，我们可以遍历所有，利用小狗的每一个假设体重值，计算出条件概率，这便是 $P(m|w)$。得益于均一的先验概率，它等同于后验概率 $P(w|m)$。

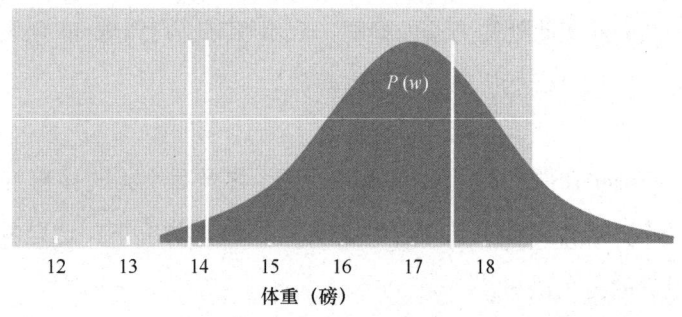

图 1-8　小狗体重是 17 磅时的体重分布

根据一个均一的先验概率给出传统的统计估计结果。显然，小狗体重为 17 磅时，体重分布的正态分布曲线要向左移动，如图 1-9 所示，只有这样，才能使三个概率乘积最大，这时峰值处对应 15.2 磅，也称体重的最大似然估计。

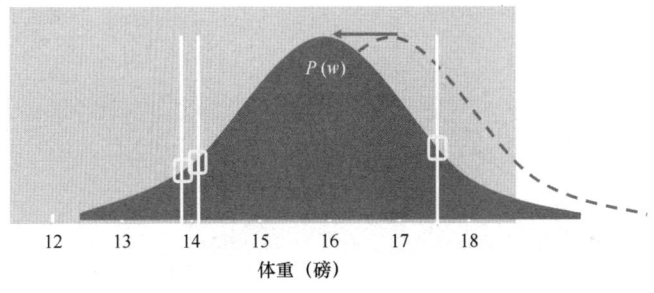

图 1-9 小狗体重分布调整

同样地：

$$P(w=16|m=[13.9,14.1,17.5])=P(m=[13.9,14.1,17.5]|w=16)$$
$$=P(m=13.9|w=16)P(m=14.1|w=16)P(m=17.5|w=16)$$

$w=15$ 的运算过程不再赘述，都是类似的计算。

即使采用了贝叶斯定理，但距有用的估计依旧很远。为此，我们需要非均一的先验概率。先验概率分布表示未测量情形下对某事物的认知。均一的先验概率认为，每个可能结果的概率都是均等的，这在现实中是很少见的。人们在测量时，对某些量已经有些认识，如年龄总是大于零，温度总是高于–276 摄氏度，成年人身高罕有超过 8 英尺（1 英尺=0.3048 米）的。

其实我们确实拥有可以依据的信息。小狗在兽医诊所称得的体重之一是 14.1 磅，这让我们知道它并不是特别胖或特别瘦。鉴于此，我们选用峰值为 14.1 磅、标准偏差为 0.5 磅的正态分布作为先验概率分布，如图 1-10 所示。

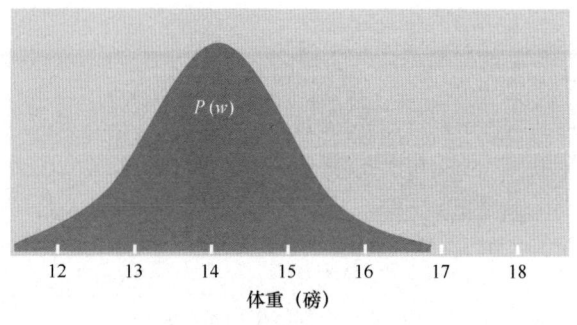

图1-10　先验概率分布（非均一）

先验概率已经"就绪"，我们继续计算后验概率。为此，我们将此时小狗体重设为某一特定值，如17磅。接着，用体重为14.1磅时的先验概率乘以测量值为17磅时的条件概率。然后，使用其他可能的体重数值重复这一过程。先验概率的作用是降低某些概率，扩大另外一些概率。本例中，13～15磅应该包含更多的测量值，这之外的则应包含更少的测量值。这与均一先验概率不同，非均一的先验概率中，17磅"掉入"先验概率分布的尾部，乘以此概率使得体重为17磅时的条件概率变低，如图1-11和图1-12所示。

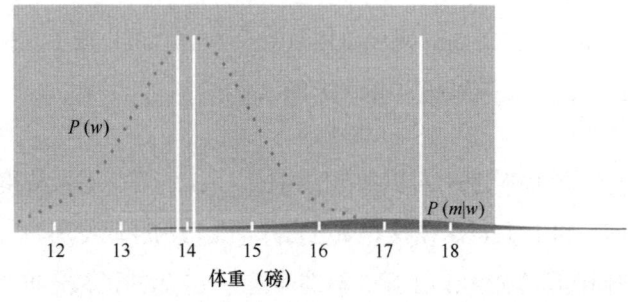

图1-11　先验概率分布和条件概率分布（一）

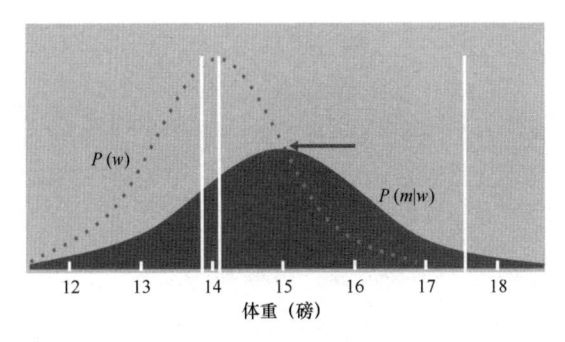

图 1-12　先验概率分布和条件概率分布（二）

通过计算每一个可能的体重概率，我们得到对应的新的后验概率。后验概率分布的众数（峰值处）也称最大后验（MAP）概率，在本例中为 14.1 磅对应的概率（见图 1-13）。这和均一的先验概率有明显的不同，后验概率分布值更窄，有助于我们做出更可信的估计。由图 1-13 和图 1-14 可见，小狗的体重变化不大，它的体型依旧如前。

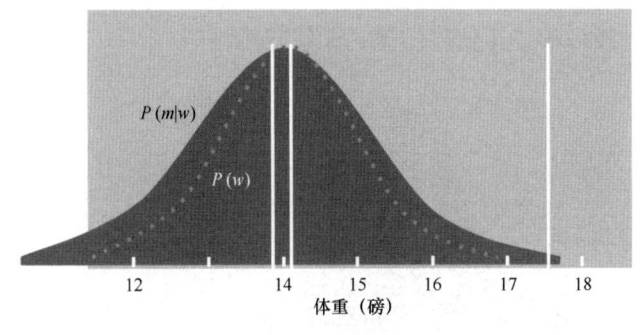

图 1-13　后验概率分布

结合已有的测量情况，我们可以做出一个更加准确的估计，其可信度高于其他方法。这有助于我们更好地使用小规模数据集。

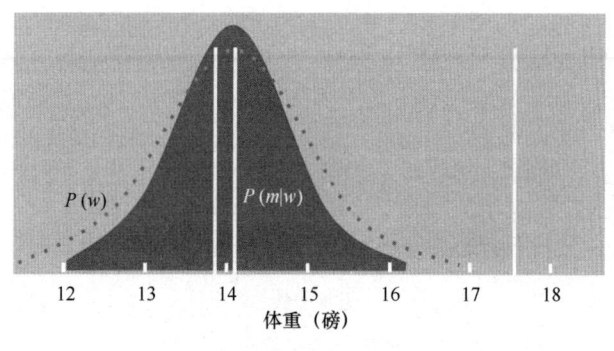

图 1-14 贝叶斯估计的结果（虚线）

不同于仅凭直觉和常识的异常检测方式，贝叶斯定理让我们能够运用数学的方式进行异常检测。

最后给出贝叶斯估计和非贝叶斯估计的直观分布曲线对比，如图 1-15 所示，非贝叶斯估计就是直接计算正态分布的均值、标准偏差，由于已有的测量数据非常少，所以非贝叶斯估计的评估结果极不准确。而使用贝叶斯估计，我们得出与经验较为接近的体重估计结果，是比较合理的。

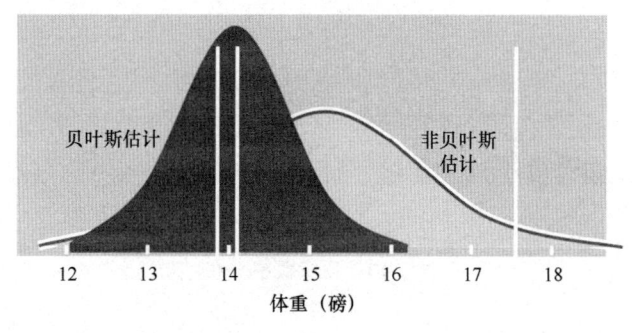

图 1-15 分布曲线对比

第 2 章
朴素贝叶斯算法中的概率思维

2.1 应用贝叶斯定理构建朴素贝叶斯分类器

根据贝叶斯定理:

$$P(A|B) = \frac{P(B|A)P(A)}{P(B)} \tag{2-1}$$

在 $P(B) = \sum_i P(A_i, B)$ 中,A_i 有两种情况:A 和 $\overline{A}$,据此可把式(2-1)改写为

$$P(A|B) = \frac{P(B|A)P(A)}{P(B|A)P(A) + P(B|\overline{A})P(\overline{A})} \tag{2-2}$$

现在举一个例子，假设 A=flu, B=cough，那么怎么求有咳嗽症状（cough）的人群中患有流感（flu）的概率 $P(\text{flu}|\text{cough}) = P(A|B)$？由贝叶斯定理展开公式很容易计算。

患流感的概率比较小，我们设为 0.05，即

$$P(A) = 0.05$$

则 $P(\overline{A}) = 0.95$。

在已知得流感的前提下，咳嗽的概率比较大，我们设为 0.8，则有

$$P(B|A) = 0.8$$

在没有得流感的前提下，咳嗽的概率比较小，我们设为 0.2，则有

$$P(B|\overline{A}) = 0.2$$

由贝叶斯定理：

$$\begin{aligned} P(\text{flu}|\text{cough}) &= P(A|B) \\ &= \frac{0.8 \times 0.05}{0.8 \times 0.05 + 0.2 \times 0.95} \\ &\approx 0.174 \end{aligned}$$

可知，如果把 A 当作 Y，把 B 当作 X，那么条件概率 $P(Y|X)$ 的意义就是，在 X 发生的情况下，得到 Y 的概率。现在我们转换视角，不再用一个判别函数定义分界线，如逻辑回归、SVM（支持向量机），而是学习一个概率，或者说学习一个用于分类的函数。在二分类问题中，如果样本属于当前类别的概率大于 0.5，就判定为当前类别；如果概率小于 0.5，就判定为另一个类别。因此，我们现在"抛弃"判别函数：

$$F: X \to Y$$

而学习一个概率：

$$P(Y|X)$$

这可以看作学习不确定结果的函数的算法，用于预测未来不确定的事件。例如，在预测明天的股票价格时，可以结合先验知识来指导学习过程：或许明天的股票价格与今天的价格相似。

这就是朴素贝叶斯分类器思想的由来，接下来我们让朴素贝叶斯分类器具体化。

首先，在给定输入变量特征为 X 的情况下，求解 Y 的概率：

$$P(Y|X) = \frac{P(X|Y)P(Y)}{P(X)} \tag{2-3}$$

这里朴素贝叶斯有一个假设，即 X 的各项特征对 Y 来说是相互条件独立的，我们将 $P(X|Y)$ 重写如下：

$$P(X|Y) = P(X_1|Y)P(X_2|Y)\cdots P(X_n|Y) \quad （2\text{-}4）$$

X 发生的概率一般是均等的，因此 $P(X)$ 是一个常数。这样，我们可以将其从公式中删除，并引入比例，得到以下等式：

$$P(Y|X) \propto P(Y)\prod_{i=1}^{n}P(X_i|Y) \quad （2\text{-}5）$$

得到这个方程后，选择使 $P(Y|X)$ 最大的 Y，就是朴素贝叶斯的目标，即求：

$$Y = \text{argmax}_Y\left[P(Y)\prod_{i=1}^{n}P(X_i|Y)\right] \quad （2\text{-}6）$$

2.2 比较条件概率

现在利用根据天气决定是否打高尔夫球的经典例子来分析朴素贝叶斯分类器的工作过程，如表 2-1 所示。

表 2-1 根据天气决定是否打高尔夫球的例子

室外天气	温度	湿度	风向	打球与否
晴	热	高	无风	不打
晴	热	高	有风	不打

(续表)

室外天气	温度	湿度	风向	打球与否
阴	热	高	无风	打球
雨	适中	高	无风	打球
雨	凉	正常	无风	打球
雨	凉	正常	有风	不打
阴	凉	正常	有风	打球
晴	适中	高	无风	不打
晴	凉	正常	无风	打球
雨	适中	正常	无风	打球
晴	适中	正常	有风	打球
阴	适中	高	有风	打球
阴	热	正常	无风	打球
雨	适中	高	有风	不打

根据式（2-3），我们需要计算概率 $P(X|Y)$ 和 $P(Y)$，那么怎么计算呢？这就要用到引言中所讲的"大数定律"，在试验条件不变的情况下，重复试验多次，随机事件的频率近似等于它的概率。该表中的数据很少，通过频率来表示概率其实并不恰当，这里我们只是把它当作一个例子来帮助理解。将表 2-1 转换为频率表，如表 2-2 所示。

表 2-2 频率表

室外天气			温度			湿度			风向			打球与否	
—	是	否	—	是	否	—	是	否	—	是	否	是	否
晴	2	3	热	2	2	高	3	4	无风	6	2	9	5
阴	4	0	适中	4	2	正常	6	1	有风	3	3	—	—
雨	3	2	凉	3	1	—	—	—	—	—	—	—	—

然后，将频率转换为条件概率，即 $P(X_i|Y)$。Y 有"是"和"否"两种情况，每个特征下有不同的特征分类，由频率计算概率的结果如表 2-3 所示，在各特征栏中，对于每种特征取值，都可计算对应的是否打球的概率，如在室外天气特征中，可取值晴，那么 $P(X_i=晴|Y=是)$ 就是在打球前提下天气晴朗的条件概率，结果是 $\frac{2}{9}$。

表 2-3　由频率计算概率的结果

室外天气			温度			湿度			风向			打球与否		
—	是	否	—	是	否	—	是	否	—	是	否	—	是	否
晴	2/9	3/5	热	2/9	2/5	高	3/9	4/5	无风	6/9	2/5		9/14	5/14
阴	4/9	0/5	适中	4/9	2/5	正常	6/9	1/5	有风	3/9	3/5		—	—
雨	3/9	2/5	凉	3/9	1/5	—	—	—	—	—	—			

最后，我们使用式（2-5）来预测 Y。

假设 $X=$ {室外天气：晴，温度：适中，湿度：正常，风向：无风}。

首先计算给定 X 时，打高尔夫球的概率 $P(是|X)$；然后计算给定 X 时，不打高尔夫球的概率 $P(否|X)$。使用表 2-3 中的数据，可以得到

$$P(是)=\frac{9}{14}$$

$$P(室外天气=晴|是)=\frac{2}{9}$$

$$P(温度=适中|是)=\frac{4}{9}$$

$$P(湿度=正常|是)=\frac{6}{9}$$

$$P(风向=无风|是)=\frac{6}{9}$$

现在我们可以简单地将这些信息输入以下公式：

$$P(是|X) \propto P(X|Y)P(Y)$$

$$P(是|X) \propto P(X_1|Y)P(X_2|Y)P(X_3|Y)P(X_4|Y)P(Y)$$

$$P(是|X) \propto P(晴|是)P(适中|是)P(正常|是)P(无风|是)P(是)$$

$$P(是|X) \propto \frac{2}{9} \times \frac{4}{9} \times \frac{6}{9} \times \frac{6}{9} \times \frac{9}{14} \approx 0.0282$$

同样地，我们可对 $P(否|X)$ 完成相同的步骤，得

$$P(否|X) \propto 0.0069$$

$P(是|X) > P(否|X)$，因此，可以预测这个人今天会打高尔夫球。

朴素贝叶斯分类器工作的步骤如下。

（1）创建一个频率表，然后将其转化为一个条件概率表，可以得到 $P(X|Y)$ 和 $P(Y)$ 的值。

（2）对于给定的一组输入特征 X，计算每个类别 Y 的条件概率 $P(Y|X)$。

（3）取所有类别的最高值 $P(Y|X)$ 来预测哪个结果最有可能。

2.3 朴素贝叶斯的类型

实际使用的朴素贝叶斯主要有以下三种类型。

1. 多项式

多项式朴素贝叶斯假设特征遵循多项式分布，主要用于文档分类、查看词频等方面，类似于上面的例子。

2. 伯努利

伯努利朴素贝叶斯类似于多项式朴素贝叶斯，不同之处在于预测变量是布尔值（真/假）。

3. 高斯

高斯朴素贝叶斯假设特征都是从高斯分布中采样的。

第 3 章
极大似然估计和最大后验估计

3.1 极大似然估计

极大似然估计（Maximum Likelihood Estimation，MLE）也称"最大似然估计"，是指根据在观察到训练数据 D 时，选择使 D 最可能出现的 θ 值的原则来估计一个或多个概率参数 θ。MLE 的定义为

$$\hat{\theta}_{\text{MLE}} = \underset{\theta}{\operatorname{argmax}}\, P(D\,|\,\theta) \qquad (3\text{-}1)$$

这背后有着非常直观的概率思维：如果我们处于一个让数

据出现的可能性很高的世界，那么我们就更有可能观察到数据 D。换句话说，在一个由参数决定的概率系统中，应该让已经出现的数据的概率达到最大。因此，我们应当通过给 θ 赋值来估计 θ，这个值会使观察到 D 的概率最大。

我们利用非常简单且经典的掷硬币的例子来理解 MLE。

为了精确地定义，设 X（硬币）是一个随机变量，它可以取 1 或 0，θ 表示 X 随机抽取到 1 的概率，即硬币正面朝上的概率，但这个概率未知。假设我们掷硬币多次以产生训练数据 D，观察到 $X=1$ 共 α_1 次，$X=0$ 共 α_0 次。进一步假设翻转的结果是独立的，也就是说，一个硬币翻转的结果对其他硬币翻转的结果没有影响，并且分布相同，即每个硬币翻转所遵循的概率 θ 相同。综上所述，硬币的翻转是独立同分布的。

将 MLE 应用于上面讨论的硬币翻转问题，通过给 θ 赋任意值来估计 θ，以最大限度地观察到数据 D。

从在 θ 的可能估计值中进行选择这一思路出发，可以从数学上推导出硬币翻转中 θ 的公式，可证明其使 $P(D|\theta)$ 最大化。这是许多机器学习算法的基础，通过可证明的方式学习使概率最大化的参数值集合。

现在，我们从 MLE 的基本思想出发，推导硬币翻转的 MLE 公式。

MLE 的目标就是选择 θ 来使 $P(D|\theta)$ 最大化。因此，我们要先写出 $P(D|\theta)$ 的表达式，或者等价于 $P(\alpha_0, \alpha_1|\theta)$ 的 θ 表达式，然后找到一个算法，为 θ 选择一个使表达式结果最大化的值。需要注意的是，如果数据 D 仅由一个硬币翻转组成，那么这个概率的表达式很简单，直接用 θ 表示即可。如果一个硬币翻转 1 次导致 $X=1$，则 $P(D|\theta) = \theta$；如果 $X=0$，则 $P(D|\theta) = 1-\theta$。此外，如果我们观察到一组独立同分布数据，如 $D = \{1,1,0,1,0\}$，那么我们可以通过将每个硬币翻转的概率相乘来计算 $P(D|\theta)$：

$$P(D = \{1,1,0,1,0\}|\theta) = \theta \cdot \theta \cdot (1-\theta) \cdot \theta \cdot (1-\theta) = \theta^3 (1-\theta)^2$$

换言之，如果用 $X=1$ 时观察到的次数 α_1 和 $X=0$ 时观察到的次数 α_0 来总结 D，那么有

$$P(D = <\alpha_0, \alpha_1 >|\theta) = \theta^{\alpha_1}(1-\theta)^{\alpha_0} \qquad (3\text{-}2)$$

$P(D|\theta)$ 通常称为"数据似然"或"数据似然函数"，因为它将观测数据 D 的概率表示为 θ 的函数。这个似然函数通常写为

$$L(\theta) = P(D|\theta) \qquad (3\text{-}3)$$

推导的最后一步是确定使数据似然函数最大化的 θ 值。因为 $\ln(x)$ 随 x 单调递增，所以为了将指数函数简化，我们计算上述似然函数的对数函数，找到使 $\ln P(D|\theta)$ 最大化的 θ，如式（3-4）所示：

$$\underbrace{\text{argmax}}_{\theta} P(D|\theta) = \underbrace{\text{argmax}}_{\theta} \ln P(D|\theta) \qquad (3\text{-}4)$$

事实上，这种对数似然非常常见，它有自己的符号，$l(\theta) = \ln P(D|\theta)$。

为了找到使 $\ln P(D|\theta)$ 最大化的 θ 值，从而也使 $P(D|\theta)$ 最大化，我们可以计算 $\ln P(D|\theta)$ 相对于 θ 的导数，然后求解使该导数等于零的 θ 值。这个使导数为零的 θ 值将是使 $\ln P(D|\theta)$ 最大化的值。首先，我们计算导数，得到

$$\begin{aligned}
\frac{\partial l(\theta)}{\partial \theta} &= \frac{\partial \ln P(D|\theta)}{\partial \theta} \\
&= \frac{\partial \ln[\theta^{\alpha_1}(1-\theta)^{\alpha_0}]}{\partial \theta} \\
&= \frac{\partial [\alpha_1 \ln \theta + \alpha_0 \ln(1-\theta)]}{\partial \theta} \\
&= \alpha_1 \frac{\partial \ln \theta}{\partial \theta} + \alpha_0 \frac{\partial \ln(1-\theta)}{\partial \theta} \\
&= \alpha_1 \frac{\partial \ln \theta}{\partial \theta} - \alpha_0 \frac{\partial \ln(1-\theta)}{\partial (1-\theta)} \\
&= \frac{\alpha_1}{\theta} - \frac{\alpha_0}{1-\theta}
\end{aligned} \qquad (3\text{-}5)$$

最后，我们将方程中的导数设为零，并求解 θ，得到

$$\theta = \frac{\alpha_1}{\alpha_1 + \alpha_0} \quad (3\text{-}6)$$

综上，我们在方程中导出了估计 θ 值的直观算法，这是从我们希望选择最大化 $P(D|\theta)$ 的 θ 值的原则出发的，整个过程如下：

$$\hat{\theta}_{\text{MLE}} = \underset{\theta}{\operatorname{argmax}} P(D|\theta) = \underset{\theta}{\operatorname{argmax}} \ln P(D|\theta) = \frac{\alpha_1}{\alpha_1 + \alpha_0}$$

至此，我们找到了最佳参数 $\hat{\theta}_{\text{MLE}}$，这个参数可以使硬币正面向上 α_1 次、反面向上 α_0 次的概率最大。

极大似然估计原理也被用来推导许多机器学习算法，以解决更复杂的问题，尽管其中一些问题的解并不那么直观。

3.2 最大后验估计

最大后验（Maximum A Posteriori，MAP）估计基于这样一个原则估计一个或多个概率参数 θ：选择最可能的 θ 值，使其在当前数据下出现的概率最大。结合极大似然估计（MLE），有人可能感觉有点难以理解，但这正是概率思维最神奇的地方，尤其

是条件概率，体现了"长短相形，高下相倾"的相互作用、互为条件的哲学思想。举一个条件概率的例子：如果一个人是女人，那么她留长发的概率就比较大；反过来也成立，如果一个人留长发，那么其是女人的概率就比较大。

应用这种哲学思想，我们对比 MLE 与 MAP 估计：MLE 基于的假设是，如果当前参数是最佳参数，那么出现当前数据的概率就比较大；反过来，MAP 估计是，如果当前数据已经出现，那么寻找能最大化当前数据出现概率的参数，也就是求在当前数据发生条件下使参数概率最大的值，用数学表示为

$$\hat{\theta}_{\text{MAP}} = \underset{\theta}{\text{argmax}}\, P(\theta|D) \quad (3\text{-}7)$$

应用贝叶斯定理，得到

$$\hat{\theta}_{\text{MAP}} = \underset{\theta}{\text{argmax}}\, P(\theta|D) = \underset{\theta}{\text{argmax}}\, \frac{P(D|\theta)P(\theta)}{P(D)} \quad (3\text{-}8)$$

因为 $P(D)$ 独立于 θ，所以我们可以将 $P(D)$ 去掉，得到

$$\hat{\theta}_{\text{MAP}} = \underset{\theta}{\text{argmax}}\, P(\theta|D) = \underset{\theta}{\text{argmax}}\, P(D|\theta)P(\theta) \quad (3\text{-}9)$$

与式（3-1）描述的 MLE 定义相比，可以发现 MLE 的原理是，选择 θ 使 $P(D|\theta)$ 最大化，而 MAP 估计的原理则是，选择 θ

使 $P(D|\theta)P(\theta)$ 最大化。

3.3 MLE 与 MAP 估计的区别与联系

比较 MLE 和 MAP 估计，二者唯一的区别是 MAP 估计中包含先验 $P(\theta)$。意思是，用来自先验的权重对可能性进行加权。

让我们思考一下，如果我们在 MAP 估计中使用最简单的先验，即统一先验，则结果如何？我们在所有可能的 $P(\theta)$ 值上分配相等的权重，意味着似然性由某些常数加权。常数是恒定的，因此可以从 MAP 估计方程中忽略掉（因为它不会有助于结果最大化），式（3-10）表达了在统一先验的前提下，MLE 和 MAP 估计是一样的。

$$\begin{aligned}\theta_{\text{MAP}} &= \underset{\theta}{\text{argmax}} \sum_i \log P(x_i|\theta) + \log P(\theta) \\ &= \underset{\theta}{\text{argmax}} \sum_i \log P(x_i|\theta) + \text{const} \\ &= \underset{\theta}{\text{argmax}} \sum_i \log P(x_i|\theta) \\ &= \theta_{\text{MLE}}\end{aligned} \quad (3\text{-}10)$$

如果使用不同的先验分布，如高斯分布，则先验不再是统一的，因为取决于分布区域的不同，概率的高低永远不会相同。

可以得出的结论是，MLE 是 MAP 估计的特例，当先验统一时，MAP 估计变为 MLE。

3.4 使用 MAP 估计求解硬币翻转问题

为了得到 θ 的映射估计，必须指定一个先验分布 $P(\theta)$，它总结了关于 θ 值的先验假设。在数据由服从伯努利分布的随机变量生成的情况（如硬币翻转）中，最常见的先验形式是 Beta 分布，如式（3-11）所示：

$$P(\theta) = \text{Beta}(\beta_0, \beta_1) = \frac{\theta^{\beta_1-1}(1-\theta)^{\beta_0-1}}{B(\beta_0, \beta_1)} \quad （3\text{-}11）$$

式中，β_0 和 β_1 是参数，必须事先指定其值以定义特定的 $P(\theta)$。分母 $B(\beta_0, \beta_1)$ 是由函数 B 定义的规范化项，它保证了概率积分为 1，但与 θ 无关。

如式（3-12）所示，MAP 估计涉及选择使 $P(D|\theta)P(\theta)$ 最大化的 θ 值。我们已经有了 $P(D|\theta)$ 的表达式，再结合上述 $P(\theta)$ 表达式，有

$$\begin{aligned}
\hat{\theta}_{\text{MAP}} &= \underset{\theta}{\operatorname{argmax}}\, P(D|\theta)P(\theta) \\
&= \underset{\theta}{\operatorname{argmax}}\, \theta^{\alpha_1}(1-\theta)^{\alpha_0}\frac{\theta^{\beta_1-1}(1-\theta)^{\beta_0-1}}{B(\beta_0,\beta_1)} \\
&= \underset{\theta}{\operatorname{argmax}}\, \frac{\theta^{\alpha_1+\beta_1-1}(1-\theta)^{\alpha_0+\beta_0-1}}{B(\beta_0,\beta_1)} \\
&= \underset{\theta}{\operatorname{argmax}}\, \theta^{\alpha_1+\beta_1-1}(1-\theta)^{\alpha_0+\beta_0-1}
\end{aligned} \quad (3\text{-}12)$$

式中，因为 $B(\beta_0,\beta_1)$ 与 θ 无关，所以最后一行与前一行保持一致。

如何求解 θ 的值，使式（3-12）中的表达式最大化？对于式（3-6），如果我们用 $\alpha_1+\beta_1-1$ 代替 α_1，用 $\alpha_0+\beta_0-1$ 代替 α_0，则在式（3-12）中寻求最大化的量可以与式（3-4）中的似然函数相同。因此，我们可以重复使用 $\hat{\theta}_{\text{MLE}}$ 的推导，执行以上替换即可。得到的式（3-12）的解：

$$\hat{\theta}_{\text{MAP}} = \underset{\theta}{\operatorname{argmax}}\, P(D|\theta)P(\theta) = \frac{\alpha_1+\beta_1-1}{(\alpha_1+\beta_1-1)+(\alpha_0+\beta_0-1)} \quad (3\text{-}13)$$

考虑服从伯努利分布的随机变量 X 的估计 $\theta = P(X=1)$。假设先验概率是参数为 $\beta_0=3$，$\beta_1=4$ 的 Beta 分布，如图 3-1（a）所示。进一步假设我们现在观察由 100 个例子组成的数据 D：其中 $X=1$ 时观察 50 个例子，$X=0$ 时也观察 50 个例子。给定观测数据 D 在 θ 上的后验概率 $P(\theta|D)$ 正比于 $P(D|\theta)P(\theta)$，后验概率是参数为 $\beta_0=53$，$\beta_1=54$ 的 Beta 分布，如图 3-1（b）所示。

注意，这两种分布都将非零概率分配给 0 到 1 之间的每个 θ 可能值，尽管大部分后验概率都接近 θ=0.5。

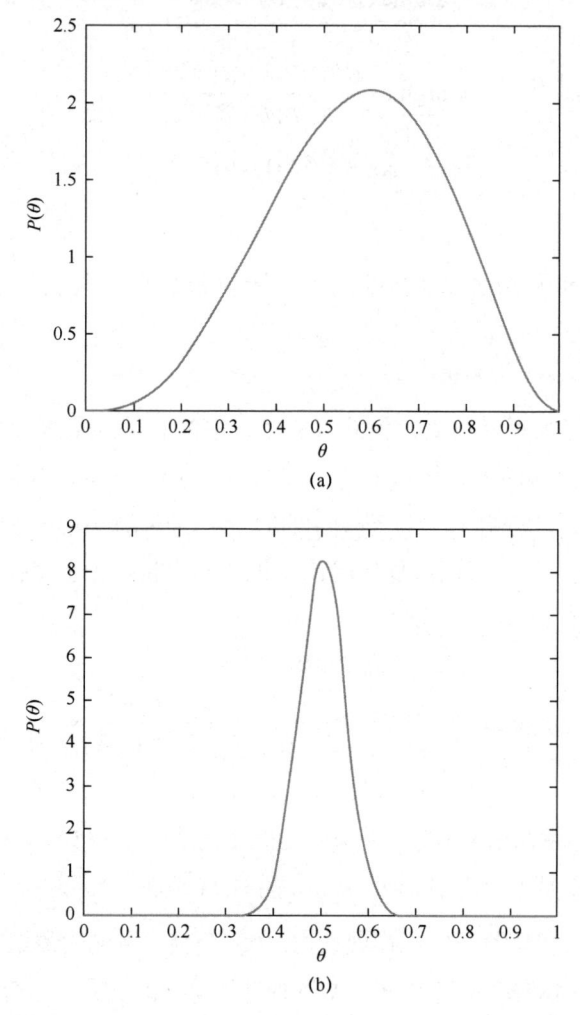

(a)

(b)

图 3-1　MAP 估计中 θ 的先验概率分布和后验概率分布

3.5 贝叶斯推理

3.5.1 贝叶斯推理举例

假设你在一个放置了游戏机的游乐场中,使用当前游戏机获胜的概率为 0.5,玩了一会儿,你听说有一款特殊的游戏机,获胜概率为 0.67。你观察了人们玩的两台游戏机,确定其中一台就是特殊游戏机,并获得以下数据。

机器 A:4 场比赛中 3 场获胜。

机器 B:121 场比赛中 81 场获胜。

凭直觉,你会认为机器 B 是特殊的。因为机器 A 上的 4 场比赛中有 3 场获胜可能只是偶然发生的,但是机器 B 的数据量更大,看起来并不是偶然发生的。

以防万一,你可通过超参数 $\alpha=\beta=2$ 的 MAP 估计来计算这两台机器的获胜概率,这里假设结果(n 次中 k 次获胜)遵循以游戏机的获胜概率 θ 为参数的二项式分布。公式和结果如下:

$$\hat{\theta}_{\text{MAP}} = \frac{k+\alpha-1}{n+\beta+\alpha-2}$$

机器 A：$\frac{(3+2-1)}{(4+2+2-2)} = \frac{4}{6} \approx 0.667$

机器 B：$\frac{(81+2-1)}{(121+2+2-2)} = \frac{82}{123} \approx 0.667$

与你的直觉不同，两台机器的估计获胜概率 θ 完全相同。因此，通过 MAP 估计，你无法确定哪台是特殊游戏机。

为了看看机器 A 和机器 B 之间是否真的没有区别，我们全面计算后验概率分布，而不仅仅是通过 MAP 估计来确定。在上述情况中，后验概率分布 $P(\theta|D)$ 计算如下，详细公式推导将在下一节中介绍。

$$P(\theta|D) = \frac{\Gamma(n+\alpha+\beta)}{\Gamma(k+\alpha)\Gamma(n-k+\beta)} \theta^{k+\alpha-1}(1-\theta)^{n-k+\beta-1}$$

机器 A 和机器 B 的 $P(\theta|D)$ 分布曲线如图 3-2 所示。

尽管这两个分布在 $\theta = 0.667$ 处都取得最大值，但分布的形状有很大的不同，在 $\theta = 0.667$ 附近，机器 B 比机器 A 的分布密度高得多。这就是要计算完整分布的原因。

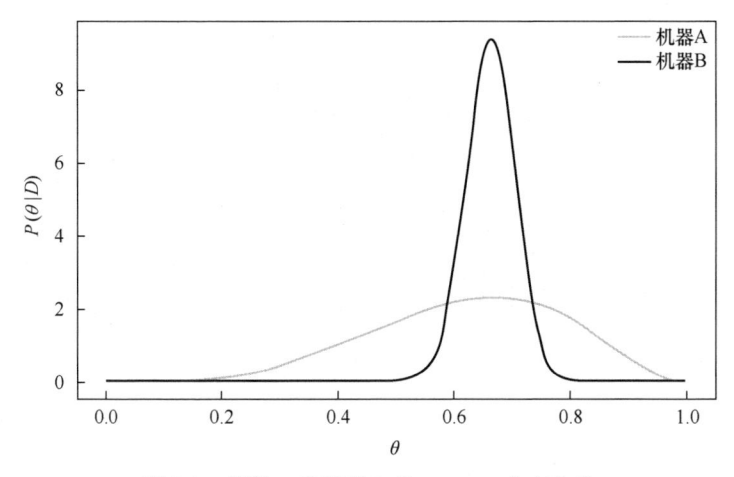

图 3-2 机器 A 和机器 B 的 $P(\theta|D)$ 分布曲线

3.5.2 贝叶斯推理详细推导

MAP 估计和贝叶斯推理均基于贝叶斯定理。贝叶斯推理和 MAP 估计之间的计算差异在于，在贝叶斯推理中，我们需要计算证据 $P(D)$。$P(D)$ 确保 $P(\theta|D)$ 在所有可能的 θ 上的积分为 1，如果 θ 是离散变量，则计算 $P(\theta|D)$ 的总和。

$P(D)$ 是通过联合概率的边缘化获得的。当 θ 为连续变量时，$P(D)$ 为

$$P(D) = \int_{\theta} P(D,\theta)\mathrm{d}\theta$$

使用链式法则，我们得到

$$P(D) = \int_\theta P(D|\theta)P(\theta)\mathrm{d}\theta$$

现在，将其代入后验概率分布的原始公式，下面的计算是贝叶斯推理的目标：

$$P(\theta|D) = \frac{P(D|\theta)P(\theta)}{P(D)} = \frac{P(D|\theta)P(\theta)}{\int_\theta P(D|\theta)P(\theta)\mathrm{d}\theta}$$

让我们根据上述情况计算 $P(\theta|D)$，即在给定参数 θ 时观察到数据 D 的概率。在上面的例子中，D 是 "4 场比赛中 3 场获胜"，参数 θ 是机器 A 的获胜概率。我们假设获胜次数遵循二项式分布，有

$$P(D|\theta) = \binom{n}{k}\theta^k(1-\theta)^{n-k}$$

式中，n 是匹配次数，k 是获胜次数。

$P(\theta)$ 是 θ 的先验概率分布，是已有知识的概率分布。这里，使用特定的概率分布对应数据似然函数 $P(D|\theta)$ 的概率分布，称为"共轭先验分布"。

由于二项式分布的共轭先验是 Beta 分布，所以这里我们用

Beta 分布来表示 $P(\theta)$：

$$P(\theta) = \frac{\Gamma(\alpha+\beta)}{\Gamma(\alpha)\Gamma(\beta)} \theta^{\alpha-1}(1-\theta)^{\beta-1}$$

式中，α 和 β 是超参数。

现在我们得到 $P(D|\theta)P(\theta)$，公式如下：

$$\begin{aligned}P(D|\theta)P(\theta) &= \binom{n}{k}\theta^k(1-\theta)^{n-k}\frac{\Gamma(\alpha+\beta)}{\Gamma(\alpha)\Gamma(\beta)}\theta^{\alpha-1}(1-\theta)^{\beta-1} \\ &= \binom{n}{k}\frac{\Gamma(\alpha+\beta)}{\Gamma(\alpha)\Gamma(\beta)}\theta^{k+\alpha-1}(1-\theta)^{n-k+\beta-1}\end{aligned}$$

$P(D)$ 的计算如下。请注意，θ 的范围是 $0 \leqslant \theta \leqslant 1$。

$$P(D) = \int_\theta P(D|\theta)P(\theta)\mathrm{d}\theta = \binom{n}{k}\frac{\Gamma(\alpha+\beta)}{\Gamma(\alpha)\Gamma(\beta)}\int_0^1 \theta^{k+\alpha-1}(1-\theta)^{n-k+\beta-1}\mathrm{d}\theta$$

（3-14）

应用第一类欧拉积分，式（3-14）可以变形为

$$P(D) = \binom{n}{k}\frac{\Gamma(\alpha+\beta)}{\Gamma(\alpha)\Gamma(\beta)}\frac{\Gamma(k+\alpha)\Gamma(n-k+\beta)}{\Gamma(n+\alpha+\beta)}$$

最后，我们可以得到

$$P(\theta|D) = \frac{P(D|\theta)P(\theta)}{P(D)}$$

$$= \frac{\Gamma(n+\alpha+\beta)}{\Gamma(k+\alpha)\Gamma(n-k+\beta)} \theta^{k+\alpha-1}(1-\theta)^{n-k+\beta-1}$$

如上所述，贝叶斯推理提供的信息比 MLE 和 MAP 估计等多得多。然而，它也有一个缺点，就是其积分计算比较复杂。

3.5.3 期望后验

根据前述内容可知，利用 MAP 估计得到的是模式后验分布。但是我们也可以使用其他统计量进行点估计，如 $\theta|D$ 的期望值。使用 $\theta|D$ 的期望值的估计称为"期望后验"（EAP）：

$$\hat{\theta}_{\text{EAP}} = E[\theta|D] = \int_\theta \theta P(\theta|D)\mathrm{d}\theta$$

现在使用 EAP 来估计两台机器的获胜概率。根据上面的讨论，有

$$\begin{aligned}\hat{\theta}_{\text{EAP}} &= \int_\theta \theta P(\theta|D)\mathrm{d}\theta \\ &= \frac{\Gamma(n+\alpha+\beta)}{\Gamma(k+\alpha)\Gamma(n-k+\beta)} \int_\theta^1 \theta^{k+\alpha}(1-\theta)^{n-k+\beta-1}\mathrm{d}\theta\end{aligned} \quad (3\text{-}15)$$

有了第一类欧拉积分和 Gamma 函数的定义，式（3-15）可以变形为

$$\hat{\theta}_{EAP} = \frac{\Gamma(n+\alpha+\beta)}{\Gamma(k+\alpha)\Gamma(n-k+\beta)} \frac{(k+\alpha)\Gamma(k+\alpha)\Gamma(n-k+\beta)}{(n+\alpha+\beta)\Gamma(n+\alpha+\beta)}$$

$$= \frac{k+\alpha}{n+\alpha+\beta}$$

综上，利用 EAP 估计两台机器的获胜概率，设置其超参数 $\alpha=\beta=2$，则估计如下：

$$\text{机器 A：} \frac{(3+2)}{(4+2+2)} = \frac{5}{8} = 0.625$$

$$\text{机器 B：} \frac{(81+2)}{(121+2+2)} = \frac{83}{125} = 0.664$$

3.6　逻辑回归中的极大似然和最大后验

前面我们从线性思维的角度分析过逻辑回归，这次将从概率的角度，分别从极大似然和最大后验的角度来分析逻辑回归。逻辑回归可以归结为：找到一组 w，使函数正确的概率最大。

从最大后验的角度分析，有

$$\ln P(D|w) = \sum_j \ln P(x_j, y_j \mid w) = \sum_j \ln P(y_j \mid x_j, w) + \sum_j \ln P(x_j \mid w)$$

（3-16）

在线性思维中，我们常说：不要浪费精力学习 $P(x_j \mid w)$，这是数据存在的概率，而要专注于对分类有用的 $P(y_j \mid x_j, w)$，判别模型不需要先验。其实这是不严谨的，但是由于我们是从线性思维的角度分析问题的，所以没有对这个问题进行展开。确切地说，最大后验更符合贝叶斯定理，因为它把先验考虑进来；而极大似然并没有考虑先验。假定先验对概率的影响较小，极大似然表达的逻辑回归的求解目标为

$$\ln P(D_y | D_x, w) = \sum_j \ln P(y_j \mid x_j, w) \quad （3\text{-}17）$$

极大似然解决方案更喜欢大的权重，这样使接近决策边界正确分类的样本的概率更高，可能会导致相应特征对决策的影响过高。

3.7 高斯判别分析

现在考虑一维数据的二分类任务。我们已经知道两个类的潜在生成分布，如图 3-3 所示：具有相同方差 1 且均值分别是 3 和 5 的不同高斯分布。两个高斯分布的先验概率相等，$P(C_0) = P(C_1) = 0.5$。

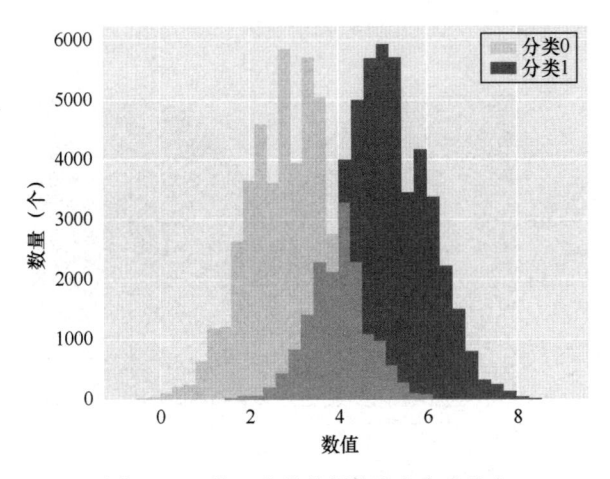

图 3-3 一维二分类数据的潜在生成分布

由于数据只有一维,所以最好的办法是绘制一个尽可能将两个类分开的垂直边界。直观上看,边界应该在 4 附近。使用生成方法,我们得到类条件 $P(X|C_k)$ 和先验概率 $P(C_k)$,可以使用贝叶斯规则来获得后验概率:

$$P(C_0|X) = \frac{P(X|C_0)P(C_0)}{P(X|C_0)P(C_0) + P(X|C_1)P(C_1)} \quad (3-18)$$

两个类的后验概率结果如图 3-4 所示。

从图 3-4 中,我们可以清楚地看到后验概率的边界,即算法的最终概率预测。红色区域分类为 0 类,蓝色区域分类为 1 类。此方法是一种被称为"高斯判别分析"(Gaussian Discriminant Analysis,GDA)的生成模型,它对连续特征建模。能对离散特征建模的是朴素贝叶斯分类器。

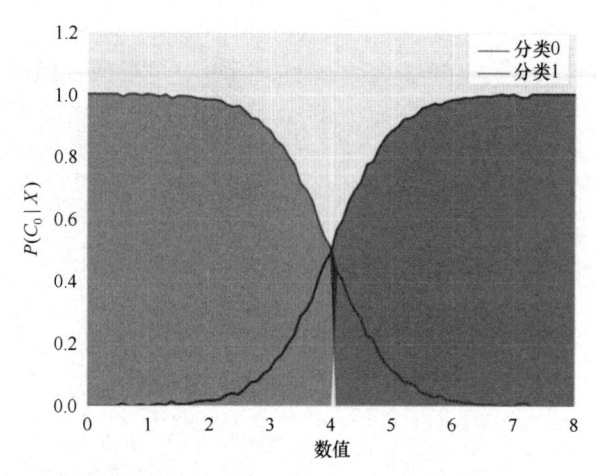

注：彩插页有对应彩色图片。

图 3-4　两个类的后验概率结果

现在来看边界周围后验概率的 S 型函数，它描述了两个类之间不确定性的过渡。我们可以在事先不知道类条件的情况下，直接对这种形状进行建模。

注意，红色曲线和蓝色曲线是对称的，并且它们的总和为 1，因为它们在贝叶斯定理中已经归一化。

现在来看红色的曲线，它是 X 的函数。我们通过以下形式来模拟前面的方程：

$$P(C_0 \mid X) = \frac{1}{1 + \dfrac{P(X \mid C_1)P(C_1)}{P(X \mid C_0)P(C_0)}} \qquad (3\text{-}19)$$

对于右下角的项，可以取消先验项，因为它们是相等的，并把高斯项作为类条件概率代入：

$$P(X|C_1) = N(3,1) \sim \exp\left(-\frac{(x-3)^2}{2}\right)$$

$$P(X|C_0) = N(5,1) \sim \exp\left(-\frac{(x-5)^2}{2}\right)$$

$$\frac{P(X|C_1)}{P(X|C_0)} = \exp\left(\frac{(x-3)^2}{2} - \frac{(x-5)^2}{2}\right) = \exp(2x-8) \quad (3\text{-}20)$$

我们设置 $z=-2x+8$，将其写为后验概率，变为

$$P(C_0|X) = \frac{1}{1+\exp(-z)} \quad (3\text{-}21)$$

这就是 S 型函数。对 z 取负号的原因是：方便起见，我们希望 p 和 z 在同一方向上是单调的，这意味着增加 z 也会增加 p。z 是我们可以使用线性函数进行建模的部分：

$$z = \log\left(\frac{p}{1-p}\right) = \log\frac{P(X|C_1)P(C_1)}{P(X|C_0)P(C_0)} \quad (3\text{-}22)$$

接下来，是 z 的线性形式。在这个例子中，我们有两个具有相同方差和先验概率的高斯分布。这使我们可以抵消推导中 X 的先验项和二次项。这个要求看起来很严格，如果我们改变高斯分

布的形状，则决策边界将不再是一条直线。如果两个高斯分布具有相同的协方差矩阵，则决策边界为直线，如图 3-5（a）所示；否则，决策边界为抛物线，如图 3-5（b）所示。

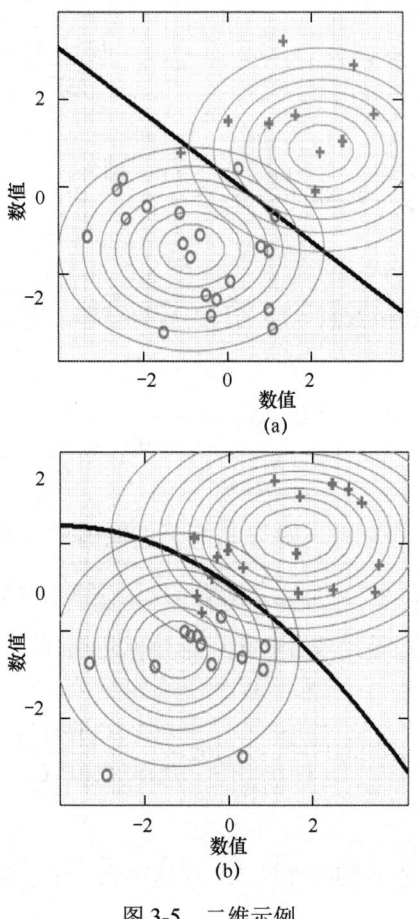

图 3-5　二维示例

第 4 章
贝叶斯网络

贝叶斯网络（Bayesian Network）也称为信念网络（Belief Network）或者因果网络（Causal Network），是描述数据变量之间依赖关系的一种图形模式。贝叶斯网络是一种使用贝叶斯推理进行概率计算的概率图模型，旨在通过用有向图中的边表示条件依赖性来实现对条件依赖性的模拟，进而模拟因果关系。贝叶斯网络为人们提供了一种方便的框架结构来表示因果关系，这使不确定性推理在逻辑上变得更为清晰，可理解性得以增强。

4.1 从条件概率到贝叶斯网络定义

现在举一个例子：

M：Manuela 教这个班。

S：今天是晴天。

L：老师来晚了一点儿。

假定：①事件 M 和 S 相互独立，因此有 $P(S|M) = P(S)$；②两位老师（Andrew 和 Manuela）都有可能因天气不好而迟到，Andrew 比 Manuela 更可能迟到。那么，迟到与天气、老师都有关系。我们可以给出它们之间的概率图，如图 4-1 所示。

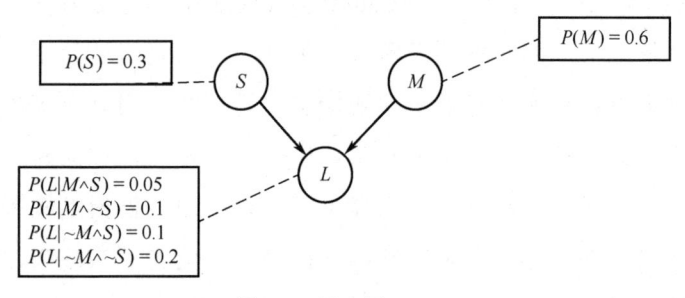

图 4-1 概率图（一）

在图 4-1 中，我们假设 $P(S) = 0.3$，$P(M) = 0.6$，并且每个

节点有两种状态：正确（True）或错误（False）。那么要计算这个网络某个状态的概率还需要 4 个条件概率，分别是：$P(L|M \land S)$、$P(L|M \land \sim S)$、$P(L|\sim M \land S)$、$P(L|\sim M \land \sim S)$，它们的数值如图 4-1 所示。例如，我们要计算 $P(L \land \sim M \land S)$，按照链式法则展开：

$$P(L \land \sim M \land S) = P(L|\sim M \land S)P(\sim M \land S)$$
$$= P(L|\sim M \land S)P(\sim M|S)P(S)$$
$$= P(L|\sim M \land S)P(\sim M)P(S)$$

由于 S 和 M 相互独立，那么有

$$P(\sim M|S) = P(\sim M) \tag{4-1}$$

对于 S 和 M 之间没有箭头，我们可以用概率思维来理解：即使你知道 S 的值，它也不会帮助你预测 M，也就是 S 与 M 无关；同样，即使你知道 M 的值，它也不会帮助你预测 S。

对于两个箭头指向 L，我们也可以用概率思维来理解：如果你想知道 L 的值，那么了解 S 和 M 可以帮助到你，它们之间有由概率建立起来的因果关系。

我们再看一个更复杂的例子。

M：Manuela 开设讲座。

L：老师迟到了。

R：讲座涉及机器人。

这里假设：

- Andrew 迟到的概率比 Manuela 迟到的概率大。
- Andrew 更有可能开机器人讲座。

如图 4-2 所示，我们能从中找到哪种独立性呢？

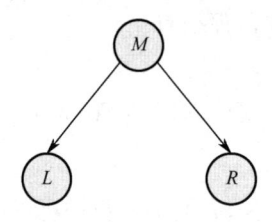

图 4-2　概率图（二）

一旦我们知道老师是谁，就可以知道讲座是否涉及机器人，与其是否迟到无关。因此，有

$$P(R|M,L) = P(R|M) \qquad (4\text{-}2)$$

换句话说，在给定 M 的前提下，R 与 L 是条件独立的，因此，对于任意 x, y, z，有

$$P(R=x|M=y \wedge L=z) = P(R=x|M=y) \qquad (4\text{-}3)$$

令 S_1, S_2, S_3 为变量集，如果对集合中的所有变量赋值，则变量集 S_1 和变量集 S_2 在给定条件 S_3 下是条件独立的，即

$P(S_1's$ assignments$|S_2's$ assignments $\wedge S_3's$ assignments$)$
$= P(S_1's$ assignments$|S_2's$ assignments$)$

现在，给出贝叶斯网络的定义：贝叶斯网络由有向无环图和条件概率表两部分组成。

贝叶斯网络分为节点和弧，其中：

- 每个节点对应随机变量，随机变量可以是连续的，也可以是离散的。
- 节点之间的弧（或有向箭头）表示随机变量之间的因果关系（或条件概率），代表一个节点直接影响另一个节点，如果没有直接连接，则意味着节点之间是相互独立的。

举一个例子：在如图 4-3 所示的贝叶斯网络中，A、B、C、D 是由节点表示的随机变量。有向箭头连接节点 A 与节点 B，说明节点 A 为节点 B 的"父节点"；节点 A 与节点 C 之间没有直接连接，说明节点 C 独立于节点 A。

贝叶斯网络中的每个节点都有条件概率分布 $(X_i\,|\,\text{parents}(X_i))$，它决定了父节点对该节点的影响。

贝叶斯网络基于条件概率和联合概率分布。

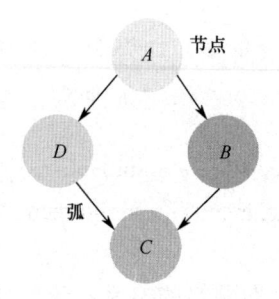

图 4-3　贝叶斯网络示意

因此，可以从两个视角来理解贝叶斯网络。

（1）贝叶斯网络表达了各节点间的关系，我们可以直观地从贝叶斯网络中得出节点（属性）间的条件独立及依赖关系。

（2）可以认为贝叶斯网络用另一种形式表示出了事件的联合概率分布，根据贝叶斯网络的网络结构及条件概率表，可以快速得到每个基本事件（所有属性值的一个组合）的概率。贝叶斯学习理论利用先验知识和样本数据来获得对未知样本的估计，而概率（包括联合概率和条件概率）是先验知识和样本数据在贝叶斯学习理论中的表现形式。

现在来看如图 4-4 所示的贝叶斯网络示例。

对于状态 X_1, X_2, X_3, X_4, X_5，根据条件概率的链式法则，展开如下：

$$P(X_1, X_2, X_3, X_4, X_5) = P(X_5 | X_3) P(X_4 | X_2, X_3) P(X_3) \\ P(X_2 | X_1) P(X_1)$$

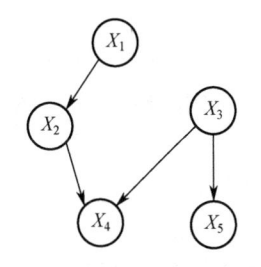

图 4-4 贝叶斯网络示例

可以总结为

$$P(X_1, X_2, X_3, \cdots, X_n) = \prod_{i=1}^{n} P(X_i \mid \text{parents}(X_i)) \quad （4-4）$$

4.2 贝叶斯网络结构

我们已经了解了贝叶斯网络原理，整个网络就是按照条件概率运作的。现在，我们列出贝叶斯网络常见的 3 种基本结构，如图 4-5 所示。

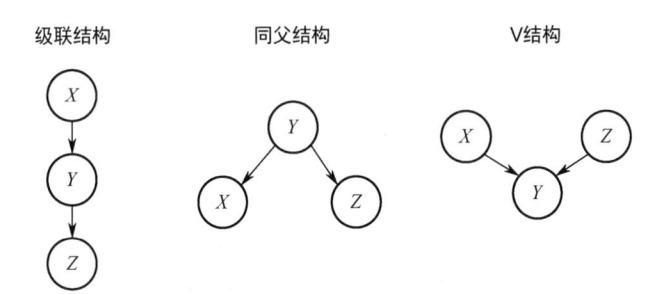

图 4-5 贝叶斯网络常见的 3 种基本结构

按照上一节讲的由有向无环图确定的图的概率计算公式，我们分别看一下这3种结构的概率计算公式。

1. 级联结构

$$P(X,Y,Z) = P(Z|Y)P(Y|X)P(X) \qquad (4\text{-}5)$$

公式两边同除以 $P(Y)$：

$$\frac{P(X,Y,Z)}{P(Y)} = \frac{P(Z|Y)P(Y|X)P(X)}{P(Y)}$$

这个公式具有重要意义，等号左边就是条件概率 $P(X,Z|Y)$，等号右边变为

$$P(Z|Y)\frac{P(Y|X)P(X)}{P(Y)}$$

显然乘积第二项就是贝叶斯定理公式的形式，因此等式变换为

$$P(X,Z|Y) = P(Z|Y)P(X|Y)$$

2. 同父结构

$$P(X,Y,Z) = P(X|Y)P(Z|Y)P(Y) \qquad (4\text{-}6)$$

两边同除以 $P(Y)$：

$$\frac{P(X,Y,Z)}{P(Y)} = \frac{P(X|Y)P(Z|Y)P(Y)}{P(Y)}$$
$$= P(X|Y)P(Z|Y)$$

同样根据贝叶斯定理公式，将等式变换为

$$P(X,Z|Y) = P(X|Y)P(Z|Y)$$

3. V 结构

同理有

$$P(X,Y,Z) = P(X)P(Y)P(Y|X,Z) \qquad (4\text{-}7)$$

$$P(X,Z) = \sum_Y P(X,Y,Z)$$
$$= \sum_Y P(X)P(Z)P(Y|X,Z)$$
$$= P(X)P(Z)$$

4.3 条件概率表

假设现在有一个概率图，如图 4-6 所示。

在图 4-6 中，对于 A、B 的概率，以及 C 分别对应 A、B 的条件概率，简单起见，假定它们只有两种状态，改写成条件概率表，如表 4-1 所示。

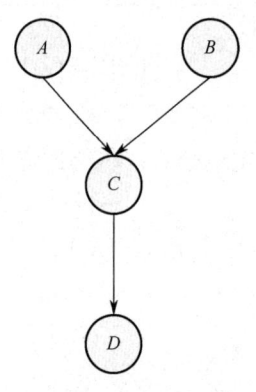

图 4-6　概率图范例

表 4-1　条件概率表

A^0	0.75
A^1	0.25

B^0	0.33
B^1	0.67

	A^0B^0	A^0B^1	A^1B^0	A^1B^1
C^0	0.45	1	0.9	0.7
C^1	0.55	0	0.1	0.3

概率可写为

$$P(A,B,C,D) = P(D|C)P(C|A \wedge B)P(A)P(B) \quad (4\text{-}8)$$

更进一步,如果所有节点都服从高斯分布,那么有

$$A \sim N(\mu_A, \Sigma_A)$$

$$B \sim N(\mu_B, \Sigma_B)$$

则有

$$C \sim N(A+B, \Sigma_C)$$

$$D \sim N(\mu_D + C, \Sigma_D)$$

4.4 贝叶斯网络解释

现在通过创建一个有向无环图的例子来理解贝叶斯网络。

贝贝在家中安装了一个新的防盗报警器。防盗报警器在感知到入室盗窃时会发出警报,但对地震也会发出警报。贝贝有两个邻居小明和小丽,假设他们有责任在听到警报时打电话通知贝贝。小明总是在听到警报时给贝贝打电话,但有时小明会分辨不清警报和电话铃声。而小丽喜欢听大声的音乐,因此有时她会错过警报的声音。

1. 问题

计算下列事件发生的概率：警报响起，没有发生入室盗窃，没有发生地震，小明和小丽都给贝贝打了电话。

2. 解决方案

下面给出上述例子的贝叶斯网络，如图 4-7 所示。网络结构表明，入室盗窃和地震是警报的父节点，直接影响警报响起的概率；小明和小丽的呼叫（打电话）取决于警报是否响起。

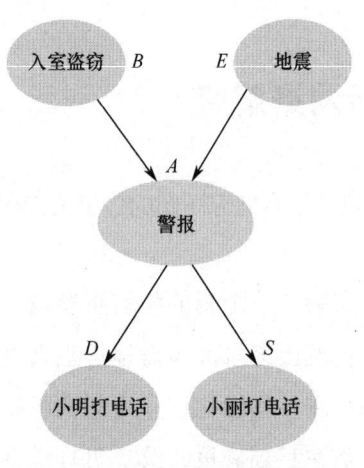

图 4-7 上述例子的贝叶斯网络

此网络中的事件包括：入室盗窃（B）、地震（E）、警报（A）、小明打电话（D）、小丽打电话（S）。

可以把问题陈述的事件写成联合概率分布：

$$
\begin{aligned}
P(S,D,A,\neg B,\neg E) &= P(S\mid D,A,\neg B,\neg E)P(D,A,\neg B,\neg E)\\
&= P(S\mid D,A,\neg B,\neg E)P(D\mid A,\neg B,\neg E)P(A,\neg B,\neg E)\\
&= P(S\mid A)P(D\mid A,\neg B,\neg E)P(A,\neg B,\neg E)\\
&= P(S\mid A)P(D\mid A)P(A,\neg B,\neg E)\\
&= P(S\mid A)P(D\mid A)P(A\mid \neg B,\neg E)P(\neg B,\neg E)\\
&= P(S\mid A)P(D\mid A)P(A\mid \neg B,\neg E)P(\neg B\mid \neg E)P(\neg E)\\
&= P(S\mid A)P(D\mid A)P(A\mid \neg B,\neg E)P(\neg B)P(\neg E)
\end{aligned}
$$

假设：

发生入室盗窃的概率 $P(B = \text{True}) = 0.002$。

没有发生入室盗窃的概率 $P(B = \text{False}) = 0.998$。

发生地震的概率 $P(E = \text{True}) = 0.001$。

未发生地震的概率 $P(E = \text{False}) = 0.999$。

A 的条件概率取决于 B 和 E，如表 4-2 所示。

表 4-2　A 的条件概率

B	E	$P(A = \text{True})$	$P(A = \text{False})$
True	True	0.94	0.06
True	False	0.95	0.05
False	True	0.31	0.69
False	False	0.001	0.999

D 的条件概率取决于 A，如表 4-3 所示。

表 4-3　D 的条件概率

A	$P(D = \text{True})$	$P(D = \text{False})$
True	0.91	0.09
False	0.05	0.95

S 的条件概率也取决于 A，如表 4-4 所示。

表 4-4　S 的条件概率

A	$P(S = \text{True})$	$P(S = \text{False})$
True	0.75	0.25
False	0.02	0.98

综上，条件概率值如图 4-8 所示。

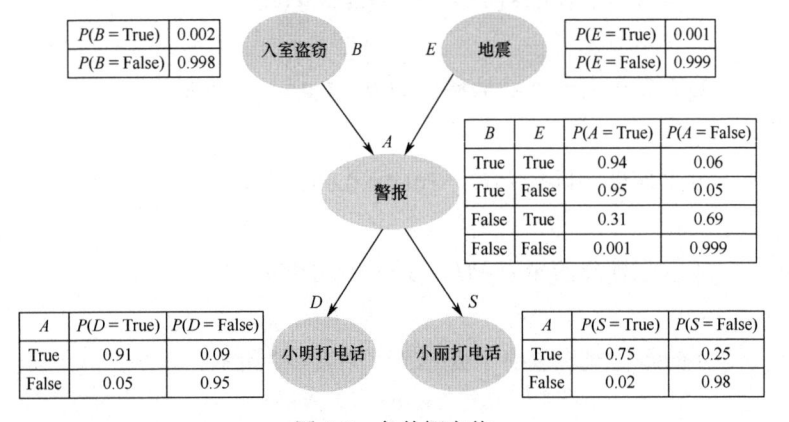

图 4-8　条件概率值

结合联合分布的公式，可以得到所求的概率：

$$P(S, D, A, \neg B, \neg E)$$
$$= P(S \mid A)P(D \mid A)P(A \mid \neg B, \neg E)P(\neg B)P(\neg E)$$
$$= 0.75 \times 0.91 \times 0.001 \times 0.998 \times 0.999$$
$$\approx 0.00068045$$

第 5 章
马尔可夫链和隐马尔可夫模型

首先,让我们简单了解一下马尔可夫。

马尔可夫是一名数学家,在圣彼得堡大学教授概率论,也是一位非常活跃的政治人物。

马尔可夫从事连续分数、中心极限定理和其他数学方面的研究工作。他因对概率论的研究,特别是对随机过程的研究而被人熟知。

5.1 马尔可夫链：概率序列

现在从马尔可夫提出的最基本要素"马尔可夫链"开始讨论。在概率论中，马尔可夫链或马尔可夫模型是一个特殊类型的离散随机过程，其中即将发生的事件的概率依赖当前事件。对音乐家而言，这就像下一张专辑的成功与否取决于当前专辑是否成功，过去发生的一切都无所谓。

基本的假设是"未来独立于过去而取决于现在"。换句话说，如果我们知道系统或变量的当前状态或值，则不需要任何过去的信息就可以预测将来的状态或值。

马尔可夫链通常由一组状态及每个状态之间的转移概率来定义。图 5-1 展示了二元马尔可夫链：具有状态 A 和状态 B，以及 4 个转移概率（从 A 到 A、从 A 到 B、从 B 到 A、从 B 到 B）。

图 5-1　二元马尔可夫链示意

这些转移概率通常以矩阵的形式表示，称为转移矩阵，也称为马尔可夫矩阵，如图 5-2 所示。

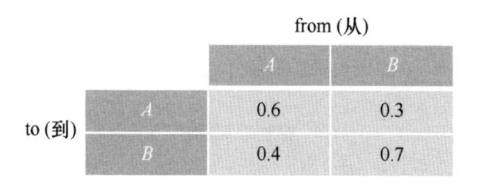

		from (从)	
		A	B
to (到)	A	0.6	0.3
	B	0.4	0.7

图 5-2 马尔可夫矩阵

那么，具有转移概率的二元马尔可夫链如图 5-3 所示。

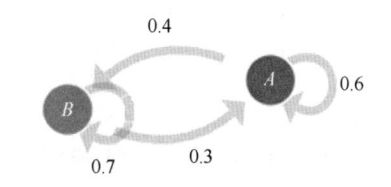

图 5-3 具有转移概率的二元马尔可夫链

我们如何计算这些概率？这就是概率思维发挥作用之处。

概率是怎么来的？前面我们提到，概率量化了随机变量结果的不确定性，衡量这种不确定性，可以使用事件多次发生的频率来计算。

举一个例子，设二元马尔可夫链中的状态为晴天（sunny）和下雨（rainy）。要计算从一种状态到另一种状态的转变概率，只需要收集一些数据，这些数据代表了要解决的问题。先计算从一种状态到另一种状态的转变次数，然后用转变次数来计算转移概率，并对测量结果进行标准化处理。图 5-4

所示为根据数据计算转移概率，显示了如何在我们的例子中完成此操作。

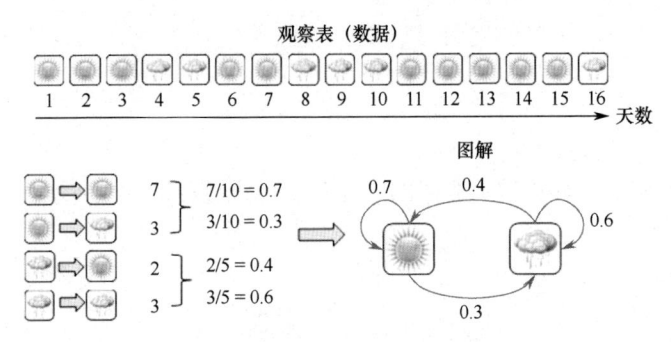

图 5-4　根据数据计算转移概率

解释一下图中的计算：晴天共有 10 天，下雨共有 6 天，连续两天晴天的情况共有 7 次，一晴一雨的情况共有 3 次，一雨一晴的情况共有 2 次，连续两天下雨的情况共有 3 次。有了这些数据，我们就可以计算转移概率，如图 5-4 所示，晴天到晴天、晴天到下雨、下雨到晴天、下雨到下雨四种情况的转移概率分别是 0.7、0.3、0.4、0.6。

目前，马尔可夫链看上去就像其他任何状态机一样，具有状态和它们之间的过渡。但是，在后面，我们将会看到它的特别之处。

5.2 马尔可夫假设

对于一系列数据,我们假设它们是独立同分布的数据:

$$\{X_i\}_{i=1}^n \overset{iid}{\sim} P(X) \quad (5\text{-}1)$$

一个序列数据 X 的概率是一个联合概率,根据 5.1 节中联合概率的计算使用概率的"链式规则",可以得到

$$\begin{aligned}P(X) &= P(X_1, X_2, \cdots, X_n) \\ &= P(X_1)P(X_2|X_1)P(X_3|X_2,X_1)\cdots P(X_n|X_{n-1}, X_{n-2}, X_{n-3}, \cdots, X_1) \\ &= \prod_{i=1}^n P(X_i|X_{i-1}, X_{i-2}, X_{i-3}, \cdots, X_1)\end{aligned}$$

$$(5\text{-}2)$$

现在我们看马尔可夫模型的两个假设。

1. 有限范围假设

对于一阶马尔可夫(见图 5-5),时间 t($t=1,2,3\cdots$)处的状态 X_t 的概率仅取决于时间 $t-1$ 处的状态 X_{t-1}。

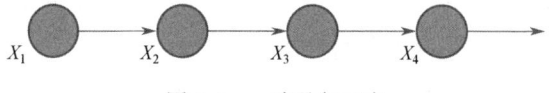

图 5-5 一阶马尔可夫

对于这种情况，$P(X_3|X_2,X_1) = P(X_3|X_2)$，$P(X_4|X_3,X_2,X_1) = P(X_4|X_3)$，以此类推。那么，序列 X 的联合概率——式（5-2）可写为式（5-3），其中初始状态 $P(X_1) = 1$。

$$P(X) = \prod_{i=1}^{n} P(X_i|X_{i-1}) \quad (5\text{-}3)$$

显然，当 $i=1$ 时，$P(X_i|X_{i-1}) = P(X_i)$，因为其是初始状态，与其他任何状态都是独立的。这样保证了式（5-3）对所有 i 成立。

对于二阶马尔可夫（见图 5-6），时间 t 处的状态的概率取决于时间 $t-1$ 和 $t-2$ 处的状态。

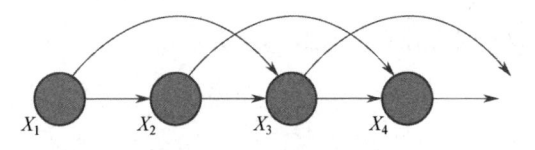

图 5-6　二阶马尔可夫

对于这种情况，$P(X_4|X_3,X_2,X_1) = P(X_4|X_3,X_2)$，以此类推。那么，序列 X 的联合概率公式为

$$P(X) = \prod_{i=1}^{n} P(X_i|X_{i-1},X_{i-2}) \quad (5\text{-}4)$$

同样，当 $i=2$ 及 $i=1$ 时，有

$$P(X_i|X_{i-1},X_{i-2}) = P(X_i)$$

这意味着，在一阶马尔可夫过程中，时间 t 处的状态代表对过去的足够概括，可以用来合理地预测未来。k 阶马尔可夫过程假定当前状态对之前 k 步的状态具有依赖性。

2. 平稳过程假设

对于一阶马尔可夫，给定当前状态，如果下一个状态的条件概率分布不会随时间变化，则称马尔可夫过程是"平稳过程"，这个马尔可夫链是时齐的。即

$$\begin{aligned}P(X_{n+1}=j\,|\,X_n=i) &= P(X_{n+2}=j\,|\,X_n=i)\\&=P(X_{n+3}=j\,|\,X_n=i)\\&=\cdots\\&=P(X_2=j\,|\,X_1=i)\end{aligned} \quad (5\text{-}5)$$

换句话说，转移概率 $P(X_{n+1}=j\,|\,X_n=i)$ 只与状态 j 和 i 有关，与 n 无关。

一般来说，我们只研究时齐马尔可夫链。

5.3 求马尔可夫链某个状态的概率

如何计算马尔可夫链某个状态的概率？或者说，如何求 $P(q_t=s)$？

第一步，算出路径 $Q = q_1 q_2 q_3 \cdots q_t$ 的 $P(Q)$。

初始状态 $P(q_1) = 1$，由联合概率我们可以算出：

$$P(q_1 q_2 q_3 \cdots q_t) = P(q_2 | q_1) P(q_3 | q_2) \cdots P(q_t | q_{t-1}) \qquad (5\text{-}6)$$

第二步，由第一步得到某条路径的概率，计算所有路径的概率之和。即

$$P(q_t = s) = \sum_{Q \in \text{Paths}(s)} P(Q) \qquad (5\text{-}7)$$

式中，Paths(s) 指所有以 s 为结束状态的路径。但这个计算是关于 t 指数级别的。

有没有更好的方法？有，我们可以利用转移概率矩阵，使用动态规划算法。

对于每个状态 s_i，我们定义 $P_t(i)$ 表示状态 s_i 的概率，即 $P_t(i) = P(q_t = s_i)$，现在，我们就容易对其进行归纳定义了：

$$\forall i \quad P_0(i) = \begin{cases} 1, & \text{如果} s_i \text{是初始状态} \\ 0, & \text{如果} s_i \text{不是初始状态} \end{cases} \qquad (5\text{-}8)$$

那么，我们采用递推的方法来计算概率：

$$\forall j \quad P_{t+1}(j) = P(q_{t+1} = s_j) \tag{5-9}$$

这怎么计算呢？按照归纳法的思想，我们必须把 $P_t(i) = P(q_t = s_i)$ 很好地利用起来，同时结合路径，逐步由状态 t 向前推。利用边缘概率与联合概率的关系，可以进行如下推导：

$$\begin{aligned}
\forall j \quad O_{t+1}(j) &= P(q_{t+1} = s_j) \\
&= \sum_{i=1}^{n} P(q_{t+1} = s_j \wedge q_t = s_i) \\
&= \sum_{i=1}^{n} P(q_{t+1} = s_j \mid q_t = s_i) P(q_t = s_i) \\
&= \sum_{i=1}^{n} a_{ij} P_t(i)
\end{aligned}$$

(5-10)

计算是非常简单的，我们只需要填如图 5-7 所示的计算表。

t	$P_t(1)$	$P_t(2)$	…	$P_t(n)$
0	0	1		0
1				
…				
t_{final}				

图 5-7　计算表

现在我们知道了什么是马尔可夫链，以及如何计算其中涉及的转移概率。下面，让我们学习隐马尔可夫模型。

5.4　隐马尔可夫模型

隐马尔可夫模型是概率机器学习领域的一个分支,对于解决涉及序列处理的问题非常有用,如自然语言处理问题或时间序列问题。

隐马尔可夫模型是一种概率模型,它试图根据其他观察到的变量来找到具有某个值的某些变量的值或概率。这些变量通常称为"隐藏状态"或"观察状态"。

系统的状态可能仅是部分可观察的,或者是根本无法观察的,并且我们可能必须基于另一个完全可观察的系统或变量来推断其特征。

想象一下,使用前面的例子,我们添加了以下信息。每天,我们都有可能接到从居住在另一个地方的最好的朋友小马打来的电话,而该概率取决于当天的天气情况。这里,"是否接到电话"是观察到的变量;"小马所居住的地方的天气"是我们想推断出的隐藏变量。

隐藏变量和观察变量如图 5-8 所示。

此处显示的概率,定义了小马在一天中根据当天的天气打电话给我们的可能性,称为"发射概率"。其定义了在给定隐藏变量特定值的情况下看到特定观察变量的概率。

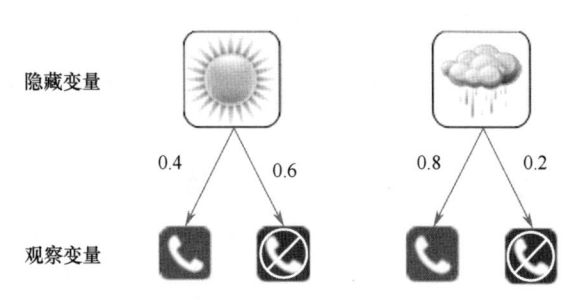

图 5-8　隐藏变量和观察变量

了解了这些概率，以及我们之前计算出的转移概率和隐藏变量的先验概率，要想计算晴天或下雨的可能性，可以尝试找出特定时间段内的天气情况，了解小马在哪几天给我们打了电话。

现在来看如何用简单的统计数据解决这个问题：如果小马连续两天没有给我们打电话，最可能的天气情况是什么？为此，我们首先需要计算先验概率，即在任何实际观测值之前晴天或下雨的概率，该概率是从与转移概率相同的观测值中获得的，如图 5-9 所示。

$$P(☀) = 10/16 = 0.625$$
$$P(☁) = 6/16 = 0.375$$

图 5-9　先验概率的计算

现在，我们准备解决问题：连续两天，我们都没有接到小马打来的电话。那么最可能的天气情况是什么？如图 5-10 所示，有 4 种可能的情况需要考虑：连续两天晴天；第一天晴天，第二天下雨；第一天下雨，然后晴天；连续两天下雨。

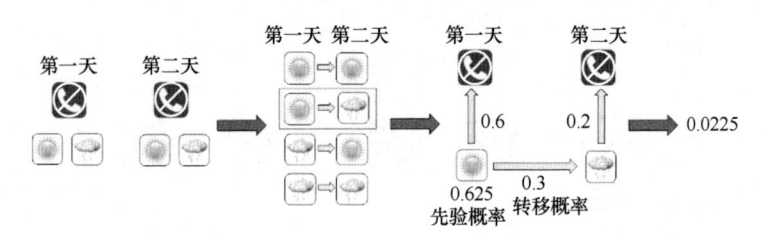

注：彩插页有对应彩色图片。

图 5-10 一种天气情况的概率计算过程图

在图 5-11 中，我们选择了第二个选项（第一天晴天，第二天下雨），并使用先验概率（第一天晴天的概率，没有任何观测值）、从晴天到下雨的转移概率以及在这两种情况下小马没有打电话的发射概率，我们只需将所有上述概率相乘即可得到整个事件发生的概率。

针对每种可能的天气情况（本例中还剩下 3 个）进行此操作，最后选择概率最高的情况。这称为"最大似然估计"。

对于为期两天的序列，需要计算 4 种可能的情况，即有 4 种方案。对于三天则有 8 种方案，对于四天则有 16 种方案。如果要计算一整周的天气，则有 128 种方案。很容易看出这是一个指数级增长。

随着天数的增加，不仅有更多的方案，而且在每种方案中，都有更多的计算，因为链中存在更多的转移概率和发射概率。

隐马尔可夫模型可以省去许多不同场景的概率计算，其长度为 n 的链存储从 1 开始到 $n-1$ 的情况下的概率，可以依此推断隐藏状态。

这是什么意思？假设我们想计算一周的天气状况，并且已经知道小马给我们打电话的日子。为了计算这一周中最后一天的天气状况，我们将根据通往"晴朗""周日"的最佳路径，计算当天晴天的概率；对下雨的周日也这样做，然后选择概率最高的一个。

这在很大程度上简化了先前的问题。

隐马尔可夫模型背后的"直觉"如图 5-11 所示。

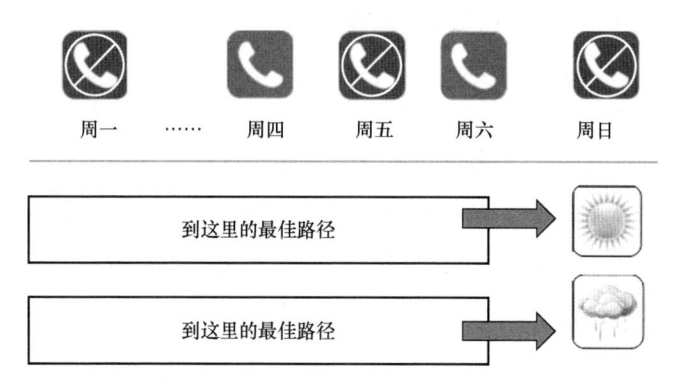

图 5-11　隐马尔可夫模型背后的"直觉"

递归地，为了计算周六晴天和下雨的可能性，考虑前一天的最佳路径，采用类似的做法。这意味着在任何给定的一天，要计算第二天可能出现的天气情况的概率，将仅考虑给定这一天的最佳概率，而不考虑有没有先前的信息，如图 5-12 所示。

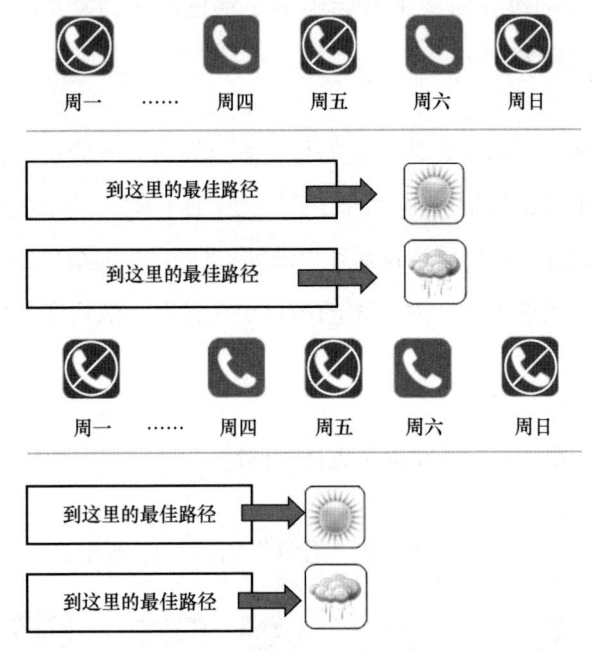

图 5-12 基于给定的一天计算第二天可能出现的天气情况的概率

实际上，这是通过从第一步开始，计算观察隐藏状态并选择最佳状态的概率来完成的。然后，使用这个最佳状态概率，在第二天做同样的事情，以此类推。让我们看看如何为特定例子完成此操作。

使用先验概率和发射概率，我们可以计算出周一晴天或下雨的概率，如图 5-13 所示。

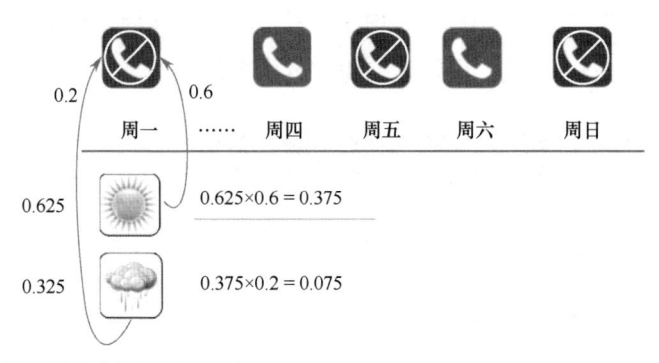

图 5-13　计算周一晴天或下雨的概率

现在看一下第二天的情况：使用先前计算出的晴天和下雨的最佳概率，来计算第二天可能出现的天气情况的概率。我们将使用的是计算得到的最佳结果，而不使用上次晴天和下雨的先验概率。

为此，首先要查看实际观察结果：假如周一晴天，这种情况的可能性为 0.375。现在，让我们计算周二晴天的概率，如图 5-14 所示，我们必须用"周一晴天"的最高概率（0.375）乘以从晴天到晴天的转移概率（0.7），再乘以"晴天而小马没有打电话"的发射概率（0.6），最终得到 0.1575 的概率值。

假如周一下雨了，周二晴天的概率如何？为此，我们用周一下雨的最高概率（0.075）乘以从下雨到晴天的转移概率

（0.4），再乘以"晴天而小马没有打电话"的发射概率（0.6），这样得出的概率为 0.018。由于前者，即周一和周二都晴天的概率（0.1575）较高，因此我们将前者作为保留项。

图 5-14　计算周二晴天或下雨的概率

我们再用周二下雨的最高概率重复以上步骤，并找出得到的两个概率中的最高者，结果如图 5-14 所示。如果我们继续这个链，就接着计算周三的概率，如图 5-15 所示。

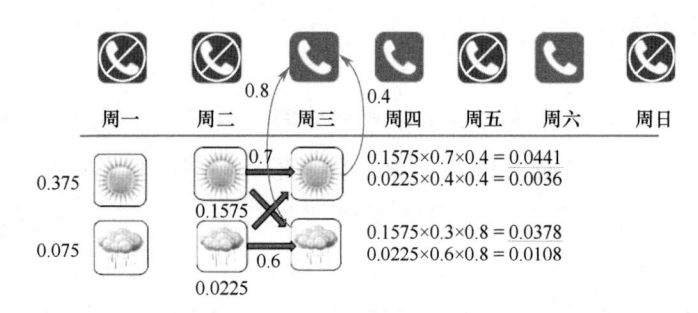

图 5-15　周三的概率计算

如果对整个星期都这样做，那么我们将得到整周最有可能的天气情况，如图 5-16 所示。

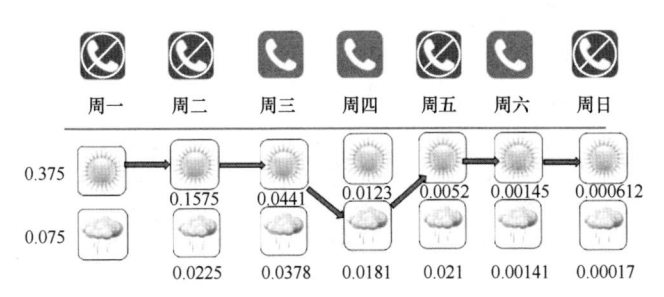

注：彩插页有对应彩色图片。

图 5-16　整周最有可能的天气情况

通过此过程，我们可以推断出任意一天最有可能的天气情况，只需知道小马是否打电话给我们，以及一些来自历史数据的先验信息。

5.5　隐马尔可夫前向算法和后向算法

马尔可夫模型经常用在自然语言处理中，因为自然语言处理任务常常是序列问题。在如图 5-17 所示的词性标注中，我们可以看到单词"find"（发现）、"preferred"（优先的）、"tags"（标签），单词是观察状态，而词性则是隐藏状态。通过观察状态确定隐藏状态的概率的问题可以用隐马尔可夫模型来解决。

隐马尔可夫模型最常见的问题就是求观察序列的概率。下面我们带着这个问题去应用隐马尔可夫模型。

图 5-17 词性标注

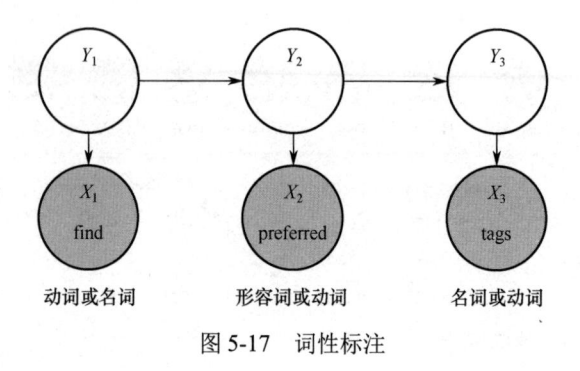

我们按照隐马尔可夫模型进行定义，首先是观察状态序列：

$$\{O_1, O_2, O_3, \cdots, O_T\}$$

其次是隐藏状态序列：

$$\{S_1, S_2, S_3, \cdots, S_T\}$$

隐藏状态集合为

$$S_t = \{1, 2, 3, \cdots, K\}$$

那么求观察序列的概率可以用以下公式：

$$P(\{O_t\}_{t=1}^T) = \sum_{\{S_1, \cdots, S_T\}} P(\{O_t\}_{t=1}^T, \{S_t\}_{t=1}^T) \quad （5\text{-}11）$$

这个公式非常容易理解，就是一个边缘概率，而这个边缘概率可以展开为联合概率的和，也就是式（5-11）的结果。这个和是针对所有可能的状态路径的,因为每个时间步都可能取集合 S_t 中的任何一个元素。更进一步,由于每个隐藏状态都可能经由几条路径到达,所以根据式(5-6)和式(5-7),有

$$
\begin{aligned}
P(\{O_t\}_{t=1}^T) &= \sum_{\{1,2,\cdots,K\}} P(\{O_t\}_{t=1}^T, \{S_t\}_{t=1}^T) \\
&= \sum_{\{1,2,\cdots,K\}} P(S_1) \prod_{t=2}^T P(S_t \mid S_{t-1}) \prod_{t=1}^T P(O_t \mid S_t)
\end{aligned}
\quad (5\text{-}12)
$$

这个式子求起来是非常费时的,计算量非常大,是 $O(TK^T)$ 阶的。接下来我们寻求更简便的求解方式。为了更形象,我们通过实例来解释隐马尔可夫模型,如图 5-18 所示。

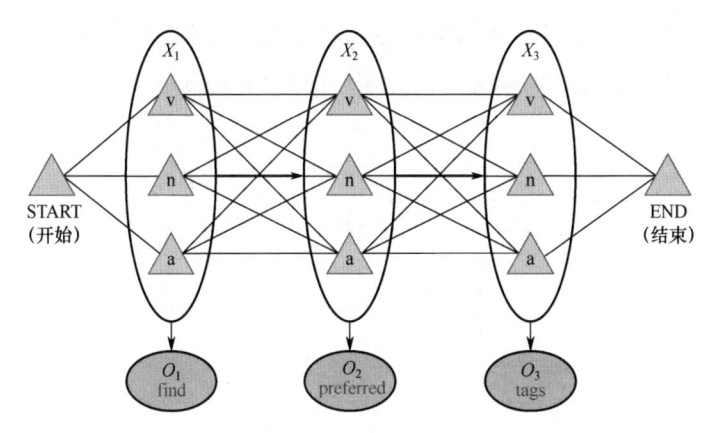

图 5-18 隐马尔可夫模型词性标注解释图例

现在,我们看一个可能的序列,如图 5-19 所示,三个词的词性分别是:v(动词)、a(形容词)、n(名词)。

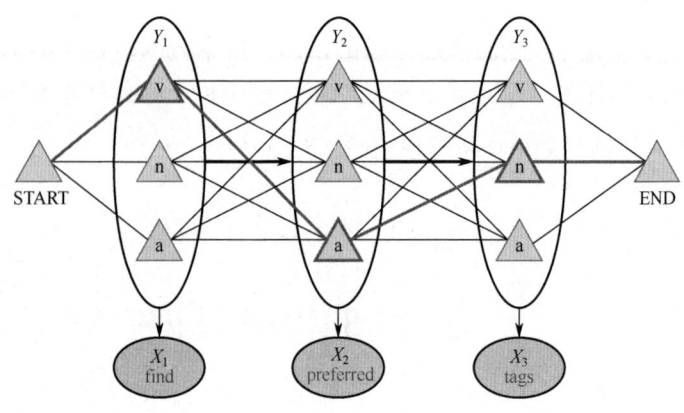

图 5-19　一个可能的序列

为了计算概率，我们需要 4 个转移概率矩阵和 3 个发射概率矩阵。转移概率是隐藏状态之间转变的概率，发射概率是隐藏状态到观察状态的概率，具体如图 5-20 所示。

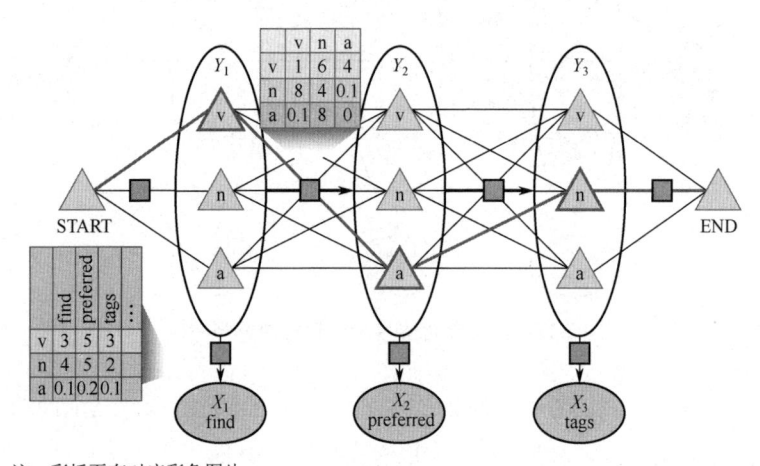

注：彩插页有对应彩色图片。

图 5-20　转移概率和发射概率

有了这些，我们就可以计算一条路径（链）的概率了。如图 5-21 所示，这条路径的概率就是这条路径经过的 7 个概率的乘积。

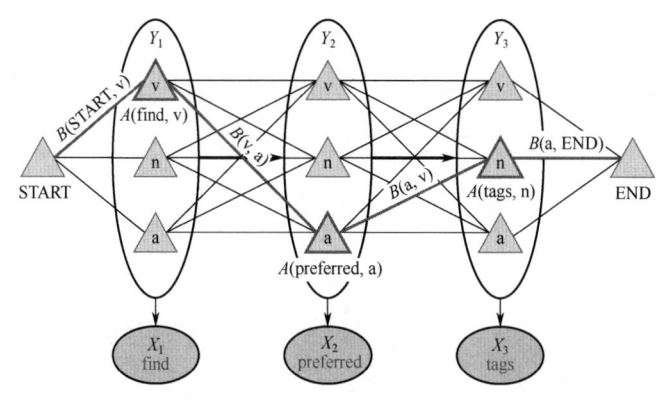

注：彩插页有对应彩色图片。

图 5-21　整条路径的概率

边缘概率 $P(Y_2=n)$ 是所有经过红色三角 n 的路径的概率之和，如图 5-22 所示。

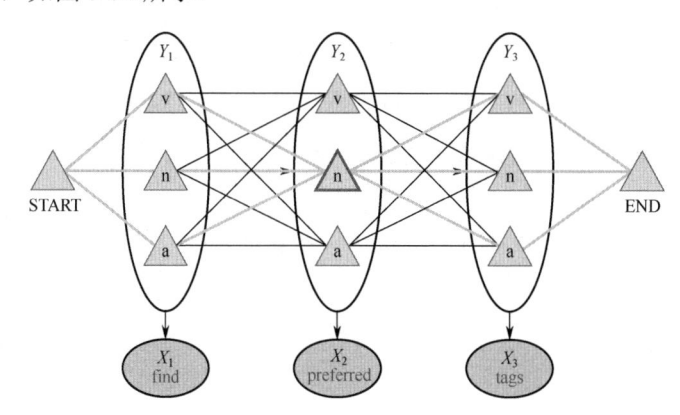

注：彩插页有对应彩色图片。

图 5-22　边缘概率（一）

同理，边缘概率 $P(Y_2=a)$ 就是所有经过红色三角 a 的路径的概率之和，如图 5-23 所示。

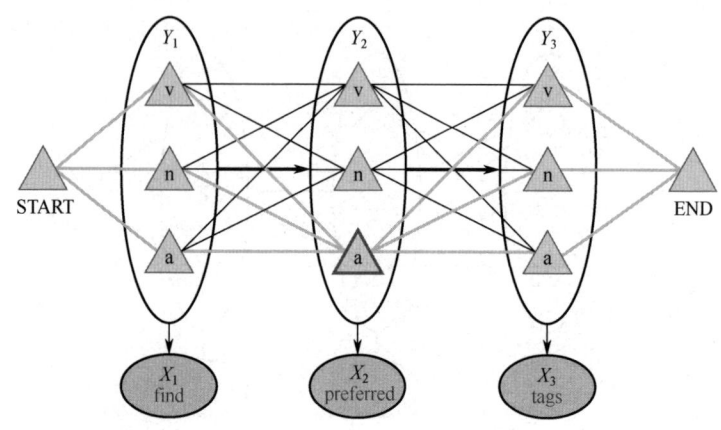

注：彩插页有对应彩色图片。

图 5-23　边缘概率（二）

为了简化问题，我们采用类似于数据归纳法的方法，按照时间步一步一步地来，现在我们先求 S_1 的情况，再求 S_2 的情况，以此类推。如图 5-24 所示，求 $S_2 = n$ 的联合概率，由于到达 n 有三条路径，所以我们就得对这三条路径的概率求和。下面用数学过程来实现这个思路。

假设时间步 S_t 时的状态是 k，我们要求：

$$P(O_1, O_2, O_3, \cdots, O_t, S_t = k)$$

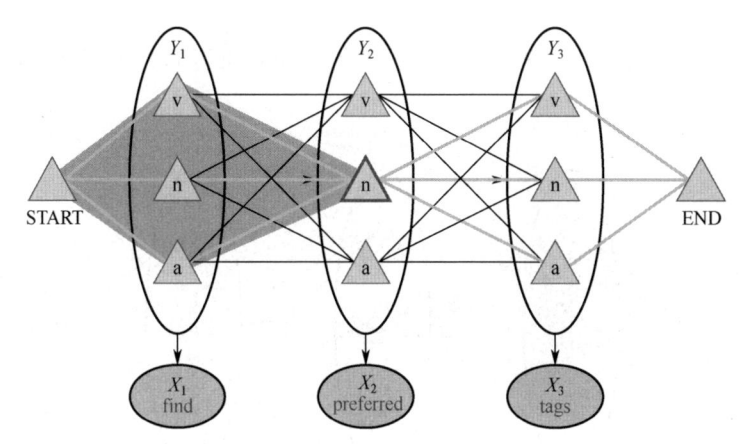

图 5-24 三条路径概率求和示意

到达 $S_t = k$ 可能有多条不同的路径，因此，用条件概率把这个联合概率展开，并且 $P(S_t = k)$ 是不同路径的概率和。可以用以下递推式表达：

$$P(O_1,O_2,O_3,\cdots,O_t,S_t=k) = P(O_t|S_t=k)\sum_i P(O_1,O_2,O_3,\cdots,O_{t-1},S_t=k)$$
$$P(S_t=k|S_{t-1}=i)$$

（5-13）

我们把 $P(O_1,O_2,O_3,\cdots,O_t,S_t=k)$ 用 $\alpha_t(k)$ 表示，这就是前向概率。

有了前向概率，求解上述问题就非常简单了。在图 5-25 中，红色三角 $X_3 = v$ 有 3 条路径可以到达，也就是说，紫色标出的 3 个 X_2 状态都有可能到达这个状态。黄色实线标出上一个状态到达这一状态的 3 条路径，再往前推，所有可能的路径都用黄色标记。

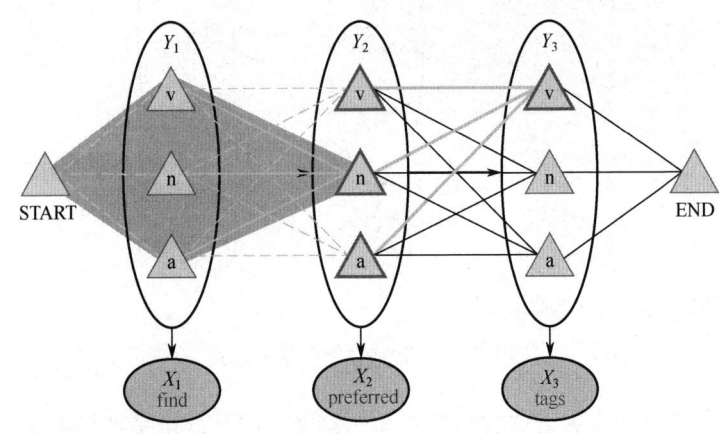

图 5-25 前向概率

用前向概率解决上述问题，实际上就是从后往前推，现在给出隐马尔可夫模型中的前向算法。

（1）初始化：

$$\alpha_1(k) = P(O_1, S_1 = k) = P(O_1 | S_1 = k)P(S_1 = k) \quad (5\text{-}14)$$

（2）递推：

对 $t = 2, 3, 4, \cdots, T$，有

$$\alpha_t(k) = P(O_t | S_t = k)\sum_i \alpha_{t-1}(k)P(S_t = k | S_{t-1} = i) \quad (5\text{-}15)$$

（3）完成，如图 5-26 所示：

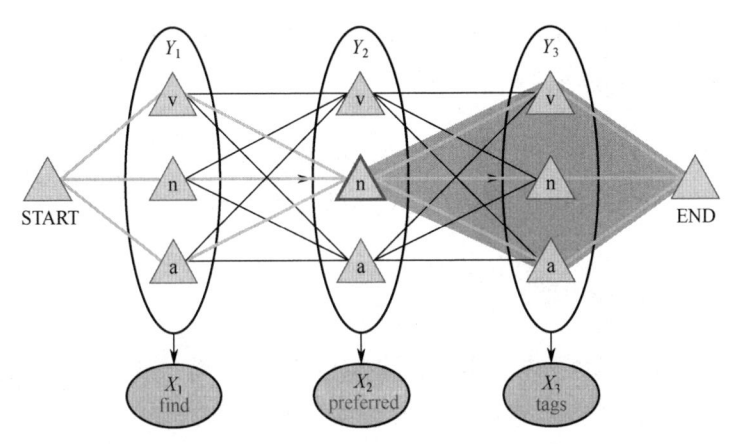

$$P(\{O_t\}_{t=1}^T) = \sum_k \alpha_t(k) \qquad (5\text{-}16)$$

注：彩插页有对应彩色图片。

图 5-26　完成示例（一）

现在我们看单个状态的概率，怎么求？仍然利用条件概率的思维，在观察序列出现的条件下，某个时间步 S_t 为状态 k 的概率为

$$P(S_t = k \mid \{O_t\}_{t=1}^T) = \frac{P(S_t = k, \{O_t\}_{t=1}^T)}{P(\{O_t\}_{t=1}^T)} \qquad (5\text{-}17)$$

这里应用了贝叶斯定理，可见，在用概率处理问题时，贝叶斯定理几乎无处不在。式（5-17）中等式右边的分子进一步可以写为

$$P(S_t = k, \{O_t\}_{t=1}^T) = P(O_1, O_2, O_3, \cdots, O_t, O_{t+1}, O_{t+2}, O_{t+3}, \cdots, O_T | S_t = k) \\ P(S_t = k)$$

（5-18）

对于给定 $S_t = k$，$O_1, O_2, O_3, \cdots, O_t$ 和 $O_{t+1}, O_{t+2}, O_{t+3}, \cdots, O_T$ 是条件独立的，因此，有

$$P(O_1, O_2, O_3, \cdots, O_t, O_{t+1}, O_{t+2}, O_{t+3}, \cdots, O_T | S_t = k) = \\ P(O_1, O_2, O_3, \cdots, O_t | S_t = k) P(O_{t+1}, O_{t+2}, O_{t+3}, \cdots, O_T | S_t = k)$$

（5-19）

代入式（5-18），得

$$P(S_t = k, \{O_t\}_{t=1}^T) = P(O_1, O_2, O_3, \cdots, O_t | S_t = k) \\ P(O_{t+1}, O_{t+2}, O_{t+3}, \cdots, O_T | S_t = k) P(S_t = k)$$

（5-20）

注意到

$$P(O_1, O_2, O_3, \cdots, O_t | S_t = k) P(S_t = k) = \\ P(O_1, O_2, O_3, \cdots, O_t, S_t = k) = \alpha_t(k)$$

那么有

$$P(S_t = k, \{O_t\}_{t=1}^T) = \alpha_t(k) P(O_{t+1}, O_{t+2}, O_{t+3}, \cdots, O_T | S_t = k) \quad (5\text{-}21)$$

现在，我们用 $\beta_t(k)$ 表示下述表达式：

$$\beta_t(k) = P(O_{t+1}, O_{t+2}, O_{t+3}, \cdots, O_T | S_t = k) \quad (5\text{-}22)$$

这就是后向概率（见图 5-27）。

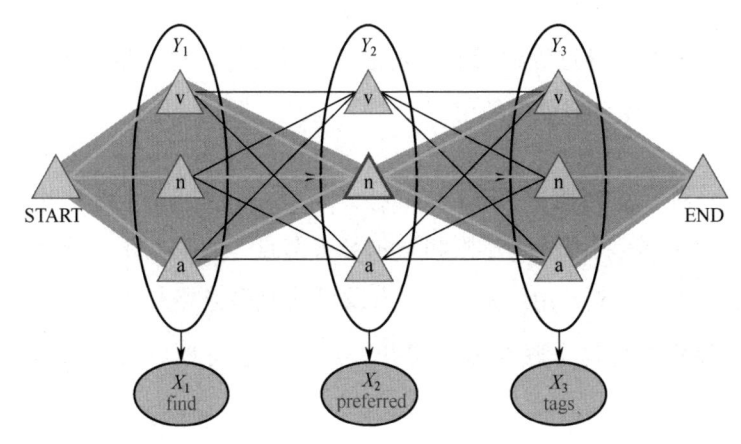

注：彩插页有对应彩色图片。

图 5-27　后向概率

现在，某一状态的概率公式可以写为

$$P(S_t = k \mid \{O_t\}_{t=1}^T) = \frac{\alpha_t(k)\beta_t(k)}{P(\{O_t\}_{t=1}^T)} \quad (5\text{-}23)$$

对于分母 $P(\{O_t\}_{t=1}^T)$，再次使用边缘概率的求和形式：

$$P(\{O_t\}_{t=1}^T) = \sum_{k=1}^{K} P(S_t = k, \{O_t\}_{t=1}^T) \quad (5\text{-}24)$$

而求和符号里，正是 $P(S_t = k, \{O_t\}_{t=1}^T)$，因此，有

$$P(S_t = k \mid \{O_t\}_{t=1}^T) = \frac{\alpha_t(k)\beta_t(k)}{\sum_{k=1}^{K} \alpha_t(k)\beta_t(k)} \quad (5\text{-}25)$$

整个推导过程逻辑非常紧密、严丝合缝，每一步都体现了概率思维恰到好处的使用。

对于后向概率 $\beta_t(k) = P(O_{t+1}, O_{t+2}, O_{t+3}, \cdots, O_T | S_t = k)$，引入状态 S_{t+1}，利用链式法则和马尔可夫假设，我们向下一个状态 S_{t+1} 来递推 S_t。由于从 $S_t = k$ 出发可能有多条路径，所以，用条件概率把这个联合概率展开。这个式子可以用以下递推式表达：

$$\beta_t(k) = P(O_{t+1}, O_{t+2}, O_{t+3}, \cdots, O_T | S_t = k) \quad (5\text{-}26)$$

对于给定 $S_t = k$，O_{t+1} 和 $O_{t+2}, O_{t+3}, O_{t+4}, \cdots, O_T$ 是条件独立的，因此有

$$\beta_t(k) = \sum_i P(O_{t+1}, O_{t+2}, O_{t+3}, \cdots, O_T, S_{t+1} = i | S_t = k) \quad (5\text{-}27)$$

由链式法则：

$$\beta_t(k) = \sum_i P(O_{t+1}, O_{t+2}, O_{t+3}, \cdots, O_T | S_{t+1} = i, S_t = k) P(S_{t+1} = i | S_t = k)$$

$$(5\text{-}28)$$

根据隐马尔可夫模型的条件独立性：

$$O_{t+1}, O_{t+2}, O_{t+3}, \cdots, O_T \perp S_t | S_{t+1} \quad (5\text{-}29)$$

进一步有

$$\beta_t(k) = \sum_i P(O_{t+1}, O_{t+2}, O_{t+3}, \cdots, O_T | S_{t+1} = i) P(S_{t+1} = i | S_t = k) \quad (5\text{-}30)$$

再一次，根据隐马尔可夫模型的条件独立性：

$$O_{t+2}, O_{t+3}, O_{t+4}, \cdots, O_T \perp O_{t+1} | S_{t+1} \quad (5\text{-}31)$$

进一步有

$$\begin{aligned}\beta_t(k) &= \sum_i P(O_{t+2}, O_{t+3}, O_{t+4}, \cdots, O_T | S_{t+1} = i) P(O_{t+1} | S_{t+1}) \\ &\quad P(S_{t+1} = i | S_t = k)\end{aligned} \quad (5\text{-}32)$$

即

$$\beta_t(k) = \sum_i \beta_{t+1}(i) P(O_{t+1} | S_{t+1}) P(S_{t+1} = i | S_t = k) \quad (5\text{-}33)$$

有了后向概率，现在我们给出隐马尔可夫模型中的后向算法。

（1）初始化：

$$\beta_T(k) = 1, \text{对于所有的 } k$$

（2）递推：

对于 $t = T-1, T-2, T-3, \cdots, 1$，有

$$P(O_{t+1},O_{t+2},O_{t+3},\cdots,O_T \mid S_t = k)\beta_T(k) = \sum_i \beta_{t+1}(k)P(S_{t+1} = i \mid S_t = k)$$

(5-34)

（3）完成（见图 5-28）：

$$P(\{O_t\}_{t=1}^T) = \sum_k \alpha_t(k) \qquad (5\text{-}35)$$

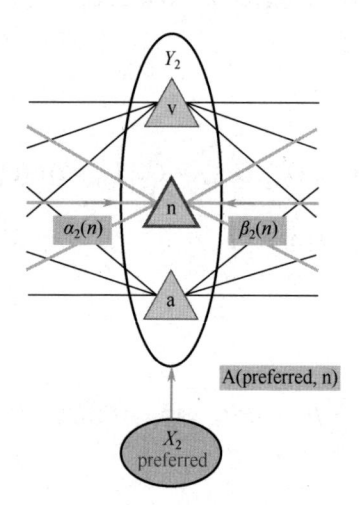

注：彩插页有对应彩色图片。

图 5-28　完成示例（二）

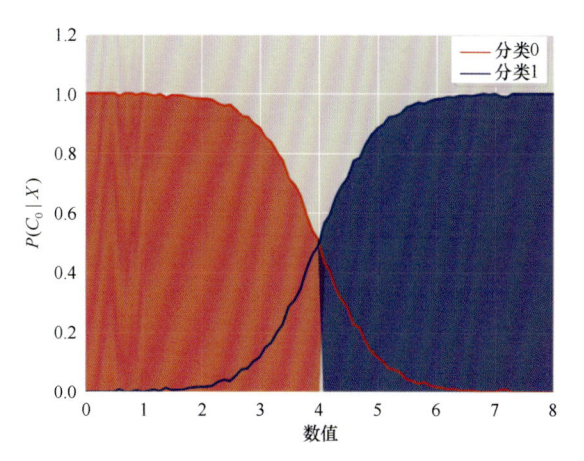

图 3-4 两个类的后验概率结果

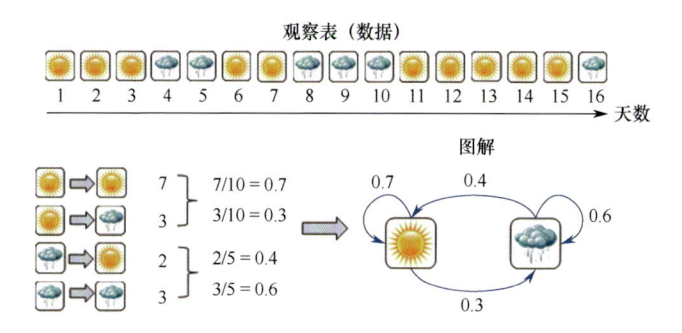

图 5-4 根据数据计算转移概率

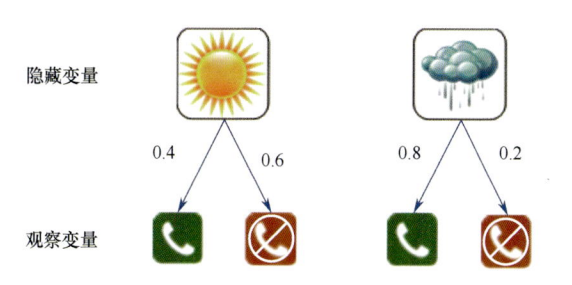

图 5-8 隐藏变量和观察变量

图 5-10　一种天气情况的概率计算过程图

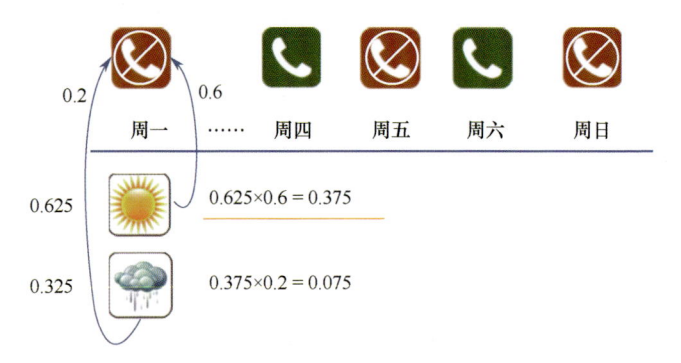

图 5-13　计算周一晴天或下雨的概率

图 5-14　计算周二晴天或下雨的概率

图 5-15 周三的概率计算

图 5-16 整周最有可能的天气情况

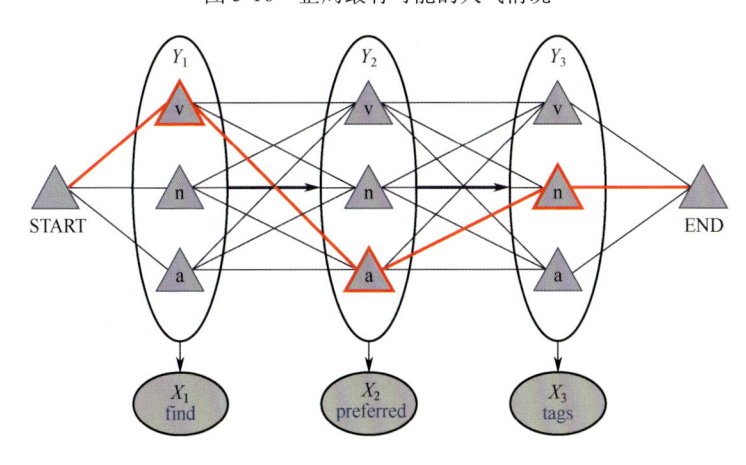

图 5-19 一个可能的序列

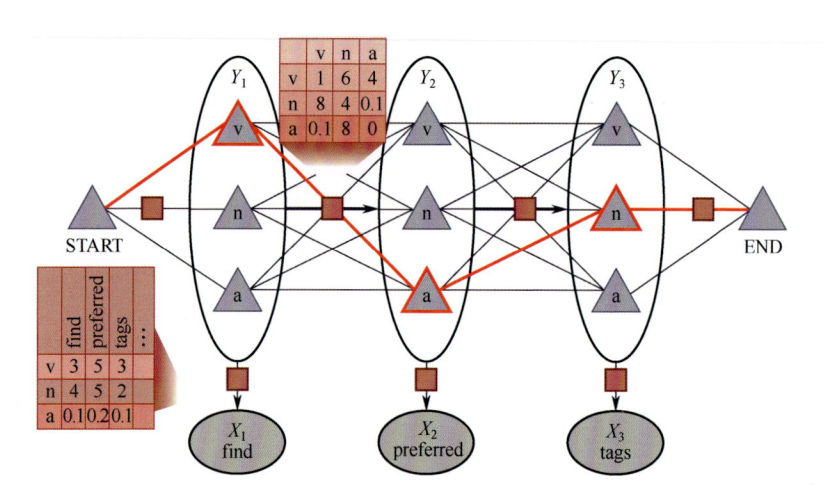

图 5-20 转移概率和发射概率

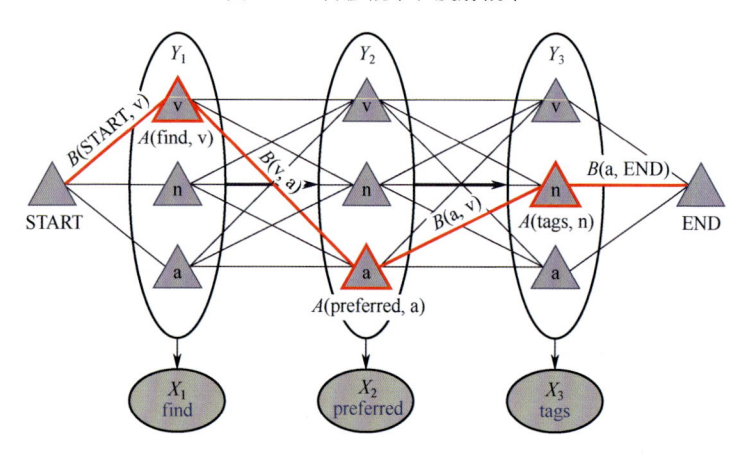

图 5-21 整条路径的概率

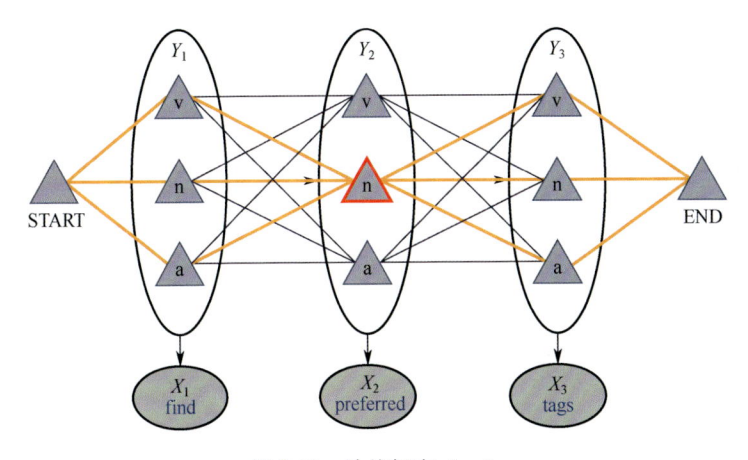

图 5-22 边缘概率（一）

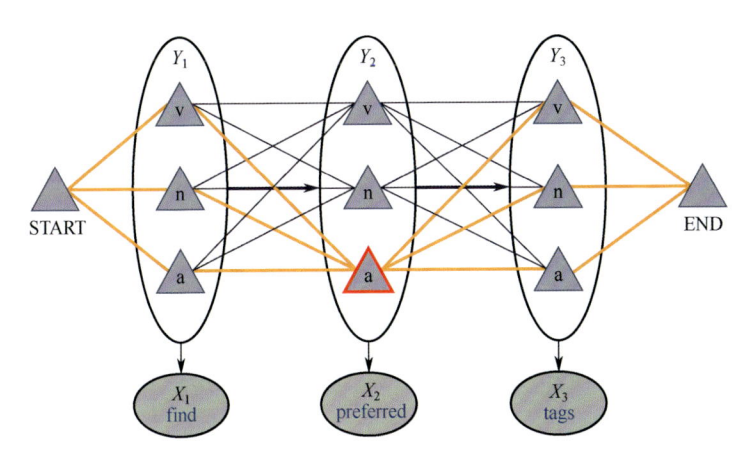

图 5-23 边缘概率（二）

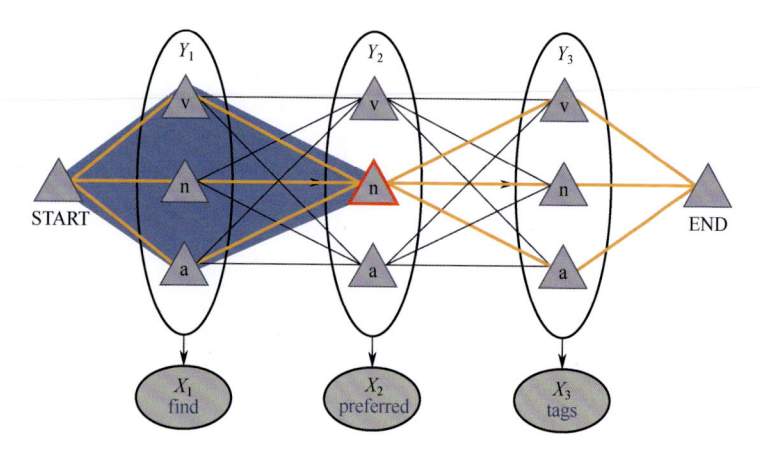

图 5-24 三条路径概率求和示意

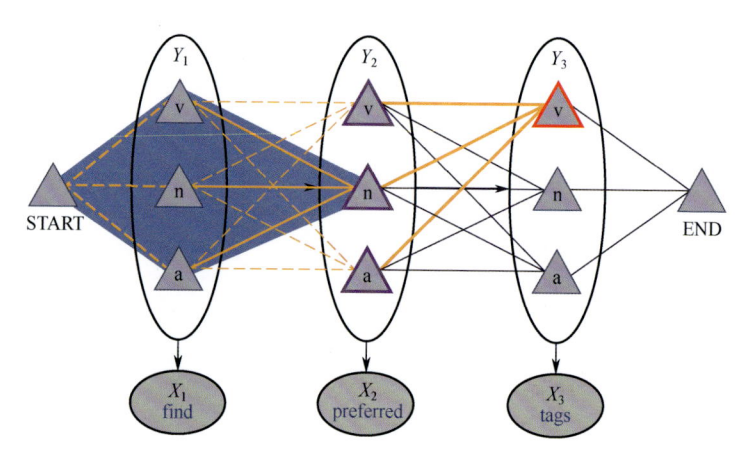

图 5-25 前向概率

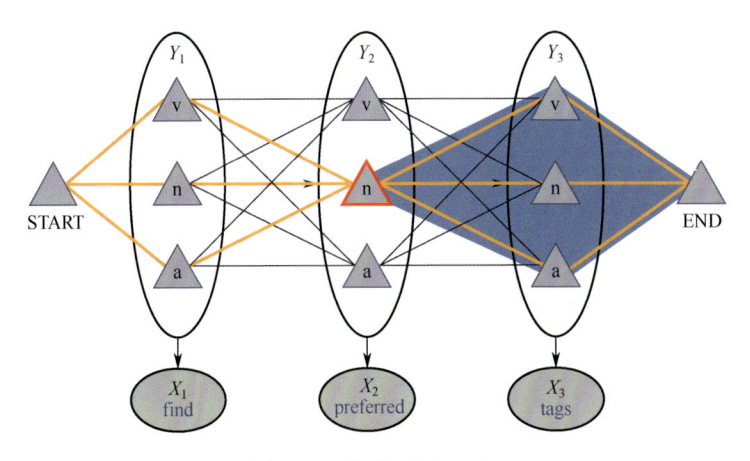

图 5-26 完成示例（一）

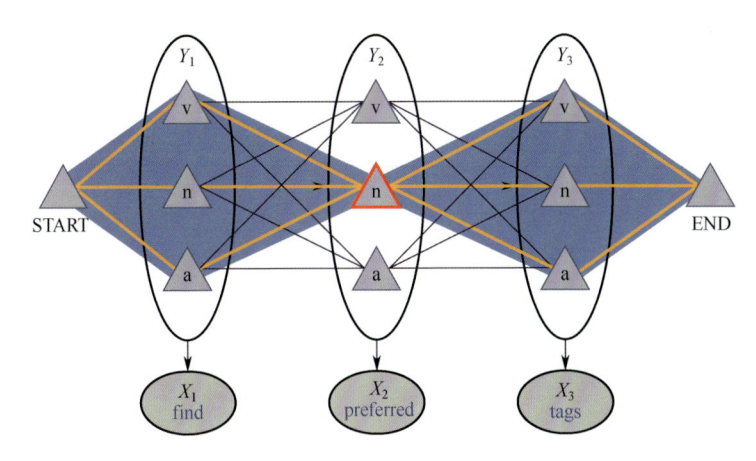

图 5-27 后向概率

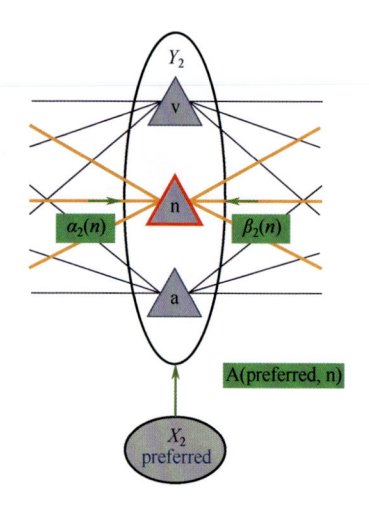

图 5-28　完成示例（二）